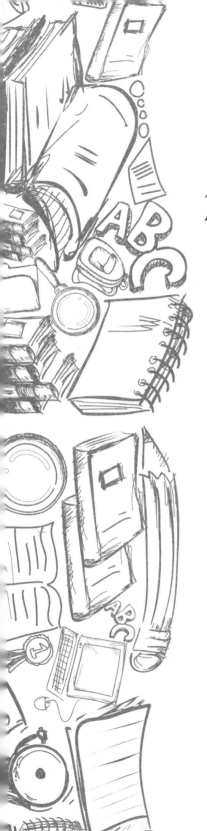

解密南极和北极

刘清廷◎主编

时代出版传媒股份有限公司

安徽美术出版社

全国百佳图书出版单位

图书在版编目（CIP）数据

解密南极和北极/刘清廷主编.—合肥：安徽美术出版社，
2013.3（2021.11重印）（奇趣科学.玩转地理）
ISBN 978－7－5398－4250－9

Ⅰ.①解… Ⅱ.①刘… Ⅲ.①南极－青年读物②南极－
少年读物③北极－青年读物④北极－少年读物 Ⅳ.①P941.6－49

中国版本图书馆CIP数据核字（2013）第044142号

奇趣科学·玩转地理
解密南极和北极

刘清廷 主编

出 版 人：王训海
责任编辑：张婷婷
责任校对：倪雯莹
封面设计：三棵树设计工作组
版式设计：李　超
责任印制：缪振光
出版发行：时代出版传媒股份有限公司
　　　　　安徽美术出版社（http://www.ahmscbs.com）
地　　址：合肥市政务文化新区翡翠路1118号出版传媒广场14层
邮　　编：230071
销售热线：0551－63533604　0551－63533690
印　　制：河北省三河市人民印务有限公司
开　　本：787mm×1092mm　1/16　印张：14
版　　次：2013年4月第1版　2021年11月第3次印刷
书　　号：ISBN 978－7－5398－4250－9
定　　价：42.00元

前言 ▶ PREFACE

解密南极和北极

在古代，由于科学技术的落后，人类凭借直观感觉假定了"天圆地方"的学说。直到公元前六世纪，古希腊哲学家毕达哥拉斯提出"地圆学说"，人们开始逐渐确立地圆学说。既然地球是圆的，对于地球这样一个球体来说，哪里算是尽头？

在人类不断的探索和冒险之后，南、北两极点便是地球的终点，成为大家普遍的共识。

南极，是地球上气候最冷，风力最大，唯一没有人类居住，矿产丰富的地方。

北极，是地球上唯一的白色海洋，独特的雪之魂、冰蘑菇，狂涛与堆积冰地质地貌有着巨大的科研价值。

南、北两极因何而存在？南、北两极是人类文明的起源，还是史前文明的归宿？

《解密南极和北极》将会带领我们读者朋友探索这些大自然的奥秘。开启智慧之门，她用通俗易懂的语言描绘了大自然最动人的旋律。

此外，我们还设立了"基本小知识""广角镜"等相关链接作为相关知识的辅助阅读，这样既可以增添阅读的趣味性，又有助于扩展知识面，丰富阅读内容。

当然，由于编者水平有限，书中难免出现错误和选取不当之处，请读者朋友理解和原谅，欢迎批评指正。

人类从来没有停止对两极的探索，那么，现在我们就随着《解密南极和北极》，踏上全新的征途。

CONTENTS
目录

解密南极和北极

神秘的两极

南极洲是人类发现的最后一块大陆，北冰洋是人类发现的最后一片海洋，它们在近现代才进入人类的视野，至今仍笼罩着神秘的面纱。神奇的南、北极极光，恐怖的风雪，迷一样的外星人活动痕迹，南、北极之间相互巧合的种种迹象，都给两极世界蒙上了一层神秘的面纱。

🔍 地球的终极

在古代，科学技术非常落后，人类对自己居住的地球的认识是非常有限的。他们凭借直观感觉，认为天是圆的，地是方的，在遥远的地的边缘，天与地相接。这就是所谓的"天圆地方"之说。

最早提出地球是一个圆球观点的是古希腊哲学家毕达哥拉斯，那是公元前6世纪时候的事情。此后，人们通过对地球上许多现象的观察与思考，才逐渐地确立了地圆学说。

基本小知识

毕达哥拉斯

毕达哥拉斯是古希腊数学家、哲学家。无论是解说外在物质世界，还是描写内在精神世界，都不能没有数学！最早悟出万事万物背后都有数的法则在起作用的，是生活在2500年前的毕达哥拉斯。毕达哥拉斯自幼聪明好学，曾在名师门下学习几何学、自然科学和哲学。

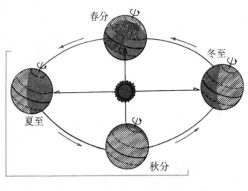

地球绕太阳公转示意图

在我们的地球上，早晨，太阳从东方升起，光芒照耀大地；晚上，太阳到西边落下，黑夜笼罩大地。每年春节过后，气温开始回升，树木开始发芽，枯草逐渐变绿，花也开了，万物复苏，春天来到了；太阳从南边逐渐爬上高高的天空，阳光直射，烈日炎炎，盛夏紧接着春天的脚步到来了；太阳给了大地以足够的温暖与阳光之后，又逐渐从高高的天空落下去，此时天高气爽，大地一片金黄，秋天代替了夏天；北风阵阵吹来，雪花漫天飞舞，冬天又代替了秋天。春夏秋冬，年复一年，周而复始，我们司空见惯。而实际上，这些昼、夜的变化，以及一年四季的变化，都与地球自转和地球绕太阳公转有关。

地球是自西向东转动的，于是就有了太阳东升西落和昼夜的变化，说明地球的自转并不是杂乱无章的，而是遵循某种法则或规律的。

科学家们通过测量和研究，发现地球是绕着一条通过地心的、相对稳定的轴进行自转的，这条轴与地球表面有两个交点，就称极点，北边的叫作北极点，南边的叫作南极点。虽然地球的自转轴并无实际的形体，是人们假想的，但两个极点却是可以用仪器精确测量的。

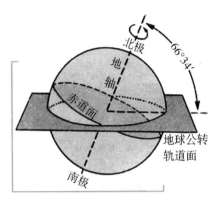

地轴与极点

为了在研究地球表面时确定地理位置的方便，科学家们在地球上设计了许多假想的线，其中通过地球中部的环绕地球的大圆圈，称为赤道，也称为零度纬线。赤道以北称北纬，从赤道到北极点的一系列与赤道平行的圆圈，被划分为 0°～90°，赤道以南的规定与此相似，纬线圆圈从赤道到两极是逐渐缩小的，到南、北极点，纬线圆圈缩小为一个点，纬度即为南、北纬 90°，南、北纬 66°34′ 的纬线圆圈，称为南、北极圈。

与赤道垂直、通过南、北极点的线称为经线，所有经线都在极点汇聚，因此，站在北极点上，各个方向都是南。而站在南极点上，各个方向又都是北。

地球的南、北极点，便是地球的终极。

虽然北极点是地球最北的端点，南极点是地球最南的端点，但是，我们拿着罗盘，顺着其指示的方向一直走下去却不可能到达南极点或北极点。因为影响罗盘指针方向的，是地球的另外两个极，也就是地球的南、北磁极。我们知道，地球内部的物质具有磁性，因此，地球本身就是一个巨大的磁性体，就像一块巨大的磁铁，它的磁力线是从南磁极发射出来，回到北磁极。可见，南、北磁极是地球磁力线发射和聚合的地点，其性质与地理上的南、北极点是完全不同的。现代地球的磁极，其地理坐标分别是北纬 76°1′、西经 100° 和南纬 65°8′、东经 139°。

磁场

　　磁场是自然界中的基本场之一，是电磁场的一个组成部分，用磁场强度 H 和磁感应强度 B 表示。磁场是一种看不见又摸不着的特殊物质，它具有波粒的辐射特性。磁体周围存在磁场，磁体间的相互作用就是以磁场作为媒介的。它是电流、运动电荷、磁体或变化电场周围空间存在的一种特殊形态的物质。由于磁体的磁性来源于电流，电流是电荷的运动，因而概括地说，磁场是由运动电荷或电场的变化而产生的。

　　在最近几百万年的时间里，地球的磁极已经发生过多次颠倒：从 69 万年前到目前为止，地球磁场的方向一直保持着相同的方向，为正向期；从 235 万年前至 69 万年前，地球磁场的方向与现在相反，为反向期；从 332 万年前到 235 万年前，地球磁场为正向期；从 450 万年前至 332 万年前，地球磁场为反向期。

　　南、北磁极与地球的南、北极点性质不同，位置也不同，顺着罗盘指针的方向走下去，只能到达南、北磁极点。要到达地球的南、北极点，就必须搞清各个地点的南（北）极点与南（北）磁极之间的夹角，随时调整好角度。在两极地区探险、考察，尤其要搞清地球南、北磁极与地理南、北极的关系，否则就会迷失方向。

"大熊星座" 下的大洋

　　在夏日晴朗的北方星空，有 7 颗明亮闪烁的星星，看上去像一把勺子挂在半空，这就是北斗七星，天文学上的学名叫"大熊星座"。在勺子底部两颗星的延长线上，可以发现一颗中等亮度、单独存在的星，那便是人们极为关注的北极星，北极星正对着的便是北极，"大熊星座"俯瞰的地区，便是北极地区。

　　由于严寒、冰雪封冻、风暴肆虐，人迹很难到达，因此，北极地区，特别是北极中心地区的自然面貌如何，长期以来一直是一个谜。直到 17 世纪，不畏艰险的勇士们才开始对其进行探险考察。300 多年来，英雄们前赴后继，与北极地区严酷、恶劣的自然条件进行了无数次艰苦卓绝、可歌可泣的英勇搏斗，才逐渐揭开了它的奥秘。

在北极中心地区，冰雪封冻的是一片广阔的海洋，称为北冰洋，它比其他三个大洋——太平洋、大西洋、印度洋面积小得多。北冰洋面积1310万平方千米，约相当于太平洋面积的1/14，约占世界海洋总面积4.1%，是地球上四大洋中最小最浅的洋。

虽然北冰洋面积很小，但其与大陆的关系十分密切，它被亚欧及北美两大陆合手环抱着，是一个近于半封闭的"地中海"，它仅通过挪威海、格陵兰海、加拿大北极群岛间各海峡和巴芬湾同大西洋相连，以狭窄的白令海峡沟通太平洋。

你知道吗

地中海

地中海被北面的欧洲大陆，南面的非洲大陆和东面的亚洲大陆包围着，东西共长约4000千米，南北最宽处大约为1800千米，是世界最大的陆间海。地中海以亚平宁半岛、西西里岛和突尼斯之间突尼斯海峡为界，分东、西两部分，平均深度1450米，最深处5092米。盐度较高，最高达39.5‰。

"北冰洋"这个名字，起源于希腊语，原意为正对大熊星座的海洋，大熊星座终年闪烁在北冰洋上空，俯瞰着世界第四大洋。

北冰洋中岛屿众多，总面积达380万平方千米，其中最大的群岛是加拿大北极群岛，最大的岛屿是格陵兰岛。此外，主要还有斯匹次卑尔根群岛、法兰士约瑟夫地群岛、新地岛、北地群岛、新西伯利亚群岛、弗兰格尔岛等。众多的岛屿曾经是北极探险勇士们的"桥梁"和"跳板"，也是许多北极动物繁衍生息的场所。

科学家们还发现，北冰洋洋底并非十分平坦，它既有海底山脉、海底高地，也有深海盆地。如罗蒙诺索夫海岭、门捷列夫海岭、南森海底山系、马卡罗夫海盆、加拿大海盆、阿蒙森海盆、南森海盆等。其中有名的罗蒙诺索夫海岭长达1800多千米，平均高出洋底约3000米，宽60～200千米，山脊一般距离水面960～1650米，山隘深1500～1600米，最高峰距水面仅954米。如此高大的山脉，即使放在陆地上，也会气势非凡。复杂的海底山系的存在，对北冰洋的海流、海冰运动方向及水温等海洋动力和海洋物理方面，都有很大的影响。

拓展阅读

物理海洋

物理海洋从广义上讲，现代物理海洋学是研究海洋的热状态、动力状态，以及物理特性的控制和世界各大洋边界的科学。或者说研究海洋物理特性、海洋水体的运动形式和过程，及其诸多因素与大气和海底有关因素变化的学科。因此，建立在这个范围内的理论研究和实地观测，对于深入了解海洋水体的循环过程是十分重要的。

北冰洋平均深度 1296 米，最深处 5449 米，被海底山系分割开的一系列海盆深度都在 3000～4000 米。北冰洋周围的边缘海，大陆架面积非常广阔，200 米水深以内的大陆架面积为 490 万平方千米，约占北冰洋总面积的 37%。欧亚大陆北部沿岸大陆架的宽度最大，大多超过四五百千米，最宽达 1700 千米，是世界上大陆架宽度和面积最大的海域。宽广的大陆架区蕴藏着丰富的油气和煤铁资源。

如将北极圈以内的地区作为北极地区，则其面积约为 2100 万平方千米，其包括了北冰洋的绝大部分水域，海洋面积约占北极地区总面积的 60%；陆地主要包括北冰洋沿岸的岛屿及欧亚大陆和北美大陆的北部，面积约 800 万平方千米，约占北极地区总面积的 40%。而北极点则位于北冰洋北极海域的中部，北冰洋海岸线十分曲折，从而形成了许多边缘海和海湾，主要有挪威海、巴伦支海、白海、喀拉海、拉普帖夫海、东西伯利亚海、楚科奇海、波弗特海、阿蒙森湾、巴芬湾、格陵兰海以及加拿大北极群岛间的海湾和海峡。对于这些边缘海和海湾、海峡，现在看起来都非常普通，但早年的勇士们为了发现它们，征服它们，尝尽了无数的艰辛，甚至付出了生命。几乎每一个边缘海和海

北极俯瞰图

湾，都有一个悲壮的探险故事。

北极地区的地理景观以北极苔原带和泰加林带最为著名。北极苔原带是指北冰洋海岸与泰加林带之间广阔的冻土沼泽带，该带属荒漠气候，年降水量200毫米左右，但夏季湖泊、沼泽广布，这主要是气温低、蒸发少，加之地表浅层即是永久冻土层，阻止了水分渗漏的缘故。泰加林带是指苔原带以南的北方塔形针叶林生长带，泰加林是世界上面积最大的森林类型，占据阿拉斯加大部、加拿大领土的1/2以上，几乎相当于全部斯堪的那维亚半岛及大部分俄罗斯北方领土。

泰加林

基本小知识

冻 土 层

冻土层，亦作冻原或苔原。在自然地理学中指的是由于气温低、生长季节短，而无法长出树木的环境；在地质学中是指0℃以下，并含有冰的各种岩石和土壤。一般可分为短时冻土（数小时、数日至半月）、季节冻土（半月至数月）以及多年冻土（数年至数万年以上）。冻土层处于水的结冰点以下超过两年的状况，称为永久冻土。地球上多年冻土、季节冻土和短时冻土区的面积约占陆地面积的50%，其中，多年冻土面积占陆地面积的25%。

▶ "孔雀" 开屏第七大洲

与北极遥遥相对的"地球的底部"，便是南极。

大约在公元前6世纪，居住在北半球的古希腊人就推测，既然在北半球存在着广大的大陆，那么，根据对称性，为了"保持平衡"，在南半球也一定

托勒密

存在着这样的大陆。公元 2 世纪，著名的地理学家托勒密，绘制了一幅富于想象力的地图，他在人们熟知的大陆的南方，加画了一块跨越地球底部的大陆，并称这个大陆为"未发现地"。1538 年，地图学家麦卡托在托勒密绘制的世界地图上，对"未发现地"的范围进行了修改并重新命名为"南方大陆"。可是，直到 18 世纪 70 年代以前，虽然人们发现了太平洋上的许多岛屿与新西兰，却没有任何人发现过那遥远的"南方大陆"，不过，人们仍然存着美好的愿望，梦想"南方大陆"一定是一个"幸福之岛"，那里有取之不尽的财宝，是个寒来暑往、鸟语花香、土地肥沃、人口众多的极乐世界。从 18 世纪中叶开始，世界上就掀起了一股寻找"南方乐土"的探险风潮。直到距今不到两百多年前，人们才终于发现了这块南方大陆，但令探险家们失望的是，想象中的幸福之岛却是一个非常寒冷、冰封雪冻、狂风肆掠、四季无花的不适合人类居住的不毛之地。

这块冰封雪冻的神秘而孤独的白色世界，就是地球上最后被发现的第七大洲——南极洲。它在被人类发现之前，在地球上已隐匿了大约 2 亿年。

有人说，南极大陆像一个漂游的蝌蚪，也有人说它像一位安卧在蓝色大洋上的白衣女神。翻开地图、细细端详，它更像一只开屏的美丽的孔雀。南极半岛部分好像俯首啄物的雀首，而设德兰群岛正如撒在地上被啄的食物，罗斯海和威德尔海凹陷部分另一侧的大部分陆地，就像孔雀开屏时徐徐张开的雀尾。

南极洲是指围绕南极的大陆部分及其周围的岛屿和陆缘冰架，总面积约 1400 万平方千米，其中大陆面积约 1239 万平方千米，岛屿面积约 7.6 万平方千米，大陆边缘冰架面积约 158 万平方千米。因为南极洲被发现得最晚，所以，有地球"第六大陆"之称，在地球上七大洲中，也习惯上排在第七位，但若按面积大小排列，它在地球上六块大陆和七大洲中，均应排行第五。六块大陆的排列顺序为：亚欧大陆、非洲大陆、北美大陆、南美大陆、南极大陆和澳大利亚大陆；七大洲的排列顺序为：亚洲（4400万平方千米）、非洲（3020万平方千米）、北美洲（2422.8万平方千米）、南美洲（1797万平方千米）、南极洲（1400万平方千米）、欧洲（1010万平方千米）、大洋洲（897万平方千米）。南极洲的面积相当于美国和墨西哥的面积之和，或相当于37个日本的面积。

南极大陆的平均高度约为2350米，是世界上高度最大的一个洲。高度仅次于南极洲而屈居第二位的亚洲大陆，平均高度也只有900米，可见南极大陆气势之雄伟。但是，南极大陆的这个高度，是由万年冰雪堆积起来的，南极大陆有95%以上的地域终年被冰层覆盖，面积达1200万平方千米，平均厚度约2450米，因此，若除去冰盖的高度，则南极岩床大部分要比现代海平面还低。当然，若除去冰盖，根据地壳均衡原理，南极陆地会上升600～700米，但即使是这样，与现在南极大陆的雄伟气势相比，也差得多了。

南极洲被巨大的冰盖覆盖着，冰盖上相对平坦，其自然面貌与北极相比，相对简单一些，但如果把冰盖全部揭掉，南极大陆的岩石地面也是起伏不平的。南极横断山脉，大致顺着西经30°和东经160°线分布，全长3000多千米，其中有许多高3000～4500米的山峰突出在茫茫冰原之上，气势十分宏伟壮观，它们构成东南极洲和西南极洲的自然边界。

南极洲的文森山峰

东南极洲的岩石地面，是一个相对完整的比较平坦的平原，西南极洲则是由大大小小的岛屿组成的弧形群岛。西南极洲是多山地区，在南极半岛和南太平洋沿岸地带，几乎都被山脉占据。埃尔斯沃斯山脉的文森山峰，海拔5140米，是南极大陆最高的山峰。

南极大陆被南太平洋、南印度洋和南大西洋团团包围，形成一个围绕地球的巨大的水圈，这就是浩瀚的南大洋或称南冰洋。南大洋将南极洲与世界其他大陆隔离开来，加之南大洋上波涛汹涌、海冰重重，成为人们难以跨越的天然障碍，因而南极大陆成为与世隔离的孤立大陆，它距澳大利亚4000千米，离非洲3700千米，离南极半岛最近的南美洲，也与其隔着970千米宽的德雷克海峡。

神秘的两极世界

仔细考察地球的两极地区，南极与北极有许多对称或共轭的现象是十分有趣的。如北极区域大致是一个巨大的凹地，位于地球北端，南极区域是一个庞然的凸起，位于地球的南端；北极凹陷即为北冰洋，南极凸起即为南极洲，且两者面积大体相等，北冰洋面积约为1310万平方千米，南极洲约为1400万平方千米。不仅如此，两极地表和凹凸还有惊人的相反相成、参差对应之处，而且不少相对应部分的地形可以像"七巧板"那样彼此镶嵌或互相叠置，如格陵兰岛对应于威德尔海，甚至北冰洋最深处——欧亚海盆中斯瓦尔巴群岛北部，深5449米，也恰好对应于南极埃尔斯沃斯山脉的文森山峰（高5140米）。南极半岛作为南极大陆唯一突出的半岛，可以在北冰洋流向格陵兰东海岸的海湾出口寻找到可与之对嵌的地形，即如果把南极半岛这块陆地搬到北极，并把它镶嵌到格陵兰海，那么，就会适得其所地起到填空补缺的作用。这些有趣的现象中蕴藏着无穷的奥秘，也引起了地质学家考察和研究的极大兴趣。相信在不久的将来，地质学家们将揭示其中的奥秘，对这种特有的对应关系做出圆满的解释。

知识小链接

七 巧 板

七巧板是一种智力游戏，顾名思义，是由七块板组成的。而这七块板可拼成许多图形（1600种以上），例如：三角形、平行四边形、不规则多边形。玩家也可以把它拼成各种人物、动物、桥、房、塔等，亦可是一些中、英文字母。

除此之外，在空间物理方面，南、北极也有许多奇特的共轭关系。如大气磁层震荡产生的北极地区的雷电声，经磁层高速传播，在南极共轭点表现为大气"哨声"。

20 世纪以来，人类已经初步征服了地球南、北极的冰雪世界，轻轻撩开了地球终极神秘的面纱。但是，人类还远远没有搞清两极世界的本来面目，神秘的两极世界仍然蕴藏着无穷无尽的奥秘，有待人类去进一步探索。

阿拉斯加的极光

北欧人的北极探险

　　北欧人对北极的探险，可追溯到两千多年前。一个叫皮西亚斯的人勇敢地扯起了风帆，开始了人类历史上第一次有理性的北极探险，因而具有深远的意义。而17~19世纪，古代中国的繁华不断吸引着北欧人探寻航路，有些北欧人想要从西北方向航行到中国，最终却到达了北极地区。

冰岛的发现

远古时期，希腊、罗马以及伊朗、印度等许多国家的民族就已经知道北极的存在，那里有漫长而酷冷的冬夜，终年冰天雪地，是白熊生活的世界。从那里航行归来的探险家告诉人们说，他们是靠着天上 7 颗亮星（北斗七星）的指示，才航行到"大熊国"的，所以人们又把这个在"大熊国"上空闪耀的星座叫作"大熊星座"。这里所说的"大熊国"，指的就是现在的北极地区。它位于地球之顶的北极，是除南极之外最寒冷的地方。北冰洋中部常年冻结，南部的冰夏季融化，多浮冰和冰山，还有凛冽的暴风雪，险象环生。

美丽的斯堪的纳维亚曾是海盗的故乡

北极探险是从古希腊时代开始的。在公元前 325～前 320 年，古希腊人皮西亚斯的海上探险队曾勇敢地航行到冰岛和挪威北部的海面，首次越过北极圈。因此，人们称皮西亚斯为第一个北极探险家。

以后，人们对北极的探险活动也越来越频繁。在这些探险活动中，北欧海盗曾扮演了一个重要的角色。

日德兰半岛和斯堪的纳维亚半岛是诺曼人的故土。诺曼人的意思是指北方人。公元 8～9 世纪，他们仍处于氏族社会阶段，但氏族内部已分化出氏族贵族和军事贵族。诺曼人彪悍，不善农业，却擅长航海。他们的军事首领经常率领部落乘张帆快船向外掠夺，来去无踪，侵吞成性，因此在历史上被称为北欧海盗。

诺曼人的侵略以及把战利品带回斯堪的纳维亚半岛的做法，并未使这个发端于贫瘠峡湾地区的民族生活有永久的改善，他们渴望寻找新的迁徙地以过安居乐业的日子。

挪威人纳特多德是北欧海盗中非常著名的一个。860年，他由于犯了杀人罪，无处安身，便约同几个伙伴干起了海上抢劫的勾当。有一次，他们被巨大风暴刮得远离了航线。当风停云开之时，眼前出现了一片陆地。他们登上了海岸，满目是凄惨冷漠的原野和峥嵘荒凉的山峦。可怖的景象使他们非常震惊，于是便急忙返回船上。这时天空飘起了鹅毛大雪，于是，他就给这个岛取名为雪岛。这就是后来的冰岛。

大约在相同的时间，瑞典人加达·斯拉瓦松也因为海上风暴被刮到了这片陆地。他登陆的地点在纳特多德登陆点以南的93千米的地方。但加达并没有立即返航，而是带着全船人员紧贴海岸向西南航行。他们绕过一堵极高的冰墙和一条很长的大冰川，来到了一个火山区。火山闪着红光，

冰　岛

喷着浓烟，而在岸边的岩礁上，栖居着无数的海鸟。

就在这片新土地的峭壁之上，加达搭了一个小棚子，度过了寒冷的冬天。第二年春天他们才驾船回乡。

纳特多德和加达的冒险经历，在诺曼人中间流传很广。一两年后，挪威人弗洛基·维尔格达松带着全家人连同家具、牲畜驶向雪岛，打算在雪岛定居下来。他在船的甲板上养了三只大渡鸦。他把这些渡鸦看作神鸟，想靠它们来指引航向。离开法罗群岛不久，他就放出了第一只渡鸦，渡鸦在空中盘旋了一圈，就笔直飞回法罗群岛。船又航行了几天，他放出了第二只渡鸦。它在天空转了几圈，又回到了船上。船继续向前，他放出了第三只渡鸦。这次，渡鸦毫不犹豫向西飞去。弗洛基紧随在它后面航行，这样他就来到了雪岛。从此，他便得了个"渡鸦弗洛基"的绰号。

渡鸦弗洛基进行过一次环岛航行，最后他来到西北面的一个大海湾安顿下来，这个海湾后来被叫作布雷迪峡湾。海湾里有大量的鳟鱼、鳕鱼和海豹，海滩上长满了青草，为此，他养的牛长得膘肥体壮。弗洛基勤奋地打猎捕鱼，但由于他忘记了为牲口准备过冬的干草，所以当寒冬来临的时候，他的牛纷纷倒毙。第二年夏末，他只好启程回挪威，哪知途中却遇上

了风暴，使他没法绕过南面的海岬。于是，他又停了下来，在一个破旧的茅舍里再次度过了一个寒冬。直到第三年，他才回到故乡。这时，他已一贫如洗了，出于对那个岛的诅咒，他把它改称为冰岛，这名字一直沿用至今。

基本小知识

海 岬

海岬又称陆岬，是一片三面环海的陆地。面积大的海岬则为半岛。海角则指可以影响海水流动方向的海岬。

冰岛移民

在冰岛被发现之后，一些人开始从各地移居到这里生活。在冰岛的早期移民中，一对挪威兄弟非常出名。哥哥叫英高尔·阿拉森，弟弟叫约利夫·若特玛森。他们驾驶着一艘大船，顺利到达了冰岛，并在那里度过了一个冬天。返航时，他们都认为这片土地非常富饶，准备将来到此长期定居。

但他们所选择的冰岛，是一块贫瘠和肥沃对比非常悬殊的土地，只有海岸一带适于当时人居住，而内地则是赤裸的熔岩和寒冷的冰河，并不是移民的好地方。他们并没看清这一点，反而心里洋溢着幻想。兄弟俩作了分工：英高尔负责处理资金等事务，弟弟约利夫则到爱尔兰的北欧海盗聚居地购买奴隶。

等到第二年春天，他们做好一切准备之后，便驾着两条船来到了冰岛。为了选择合适的定居点，兄弟俩按照诺曼人古老的习俗，把刻有图案的木板扔到海里，由它在前面引路，船只紧紧跟随。如果木板在什么地方被搁住，那么那个地方就是他们的新家园。

木板迅速向西漂去，兄弟俩各自驾着船尾随着航行。不久，驶在后面的弟弟约利夫不耐烦了，他只航行了 130 千米便上了岸，并盖起了房子——直到今天，这些房子的废墟仍然静悄悄地挺立在碎石之中。春天来了，他辛勤地耕地播种。但他只有一头公牛，不够用，不得不让爱尔兰奴隶套上牛轭和牛一起拉犁。这些爱尔兰奴隶把这看作是奇耻大辱，他们偷偷把牛宰掉，并向约利夫谎报牛被棕熊吃掉了。约利夫信以为真，与同伴分头去寻找在冰岛根本不存在的棕熊。奴隶们在森林里把他们全都杀了，然后回到营地，把财物洗劫一空，跳上船，逃到外围的小岛上躲了起来。

而此时，英高尔在一个暴风夜失去了跟随的目标，木板不见了。他驾着船到处寻找木板，碰巧来到了这儿，意外地发现倒毙在地上的弟弟约利夫。他找到了爱尔兰奴隶的藏身地，把他们全部杀了，随后继续寻觅那块木板。他来到了一道碧净的河湾。河湾的景观非常奇特，它像一条醒目的分界线，河的一边绿草如茵，而另一边却是毛骨悚然的熔岩荒滩。英高尔派出两个人去看看是否有木板。令人称奇的是，木板就停泊在这里。

这地方可能是冰岛上最为凄凉的地方，地面上盖满了火山灰，港湾里全是充满怪味的烟尘。面对此情此景，他们都感到十分悲伤，认为已经被神灵所抛弃。但英高尔相信这是神的旨意，他就在木板搁浅的海岸上盖起了房子，接着又在那里圈占了 3430 平方千米的土地，度过了他的余生。他打猎、种庄稼、养牲畜，后来繁衍了一个大家族。这个大家族成了冰岛的第一个朝代，也就是北极地区第一个朝代。而其最早居住的地方就是现在的冰岛共和国的首都——雷克雅未克。

◗ 诺曼人定居格陵兰

1000 年前，一位名叫冈贝伦的诺曼人乘船从挪威出发，他本来是想前往冰岛的，但被一场强风吹离了航线，无奈之下，只得向西前进。不久，冈贝伦看到一片陌生的土地，但那令人惊骇的洪荒景象吓着了他，所以并没有登陆。他掉头东返，几经周折才到了冰岛。

于是，关于那片未知土地的故事开始在冰岛人中间流传。不过前往那片土地的航程太危险了，冈贝伦所叙述的流冰和浓雾，冷却了他们的冒险热情。直到 80 年后，才有几个挪威人出于无奈才尝试前往那一片土地。

这一次航行是由一名北欧海盗船长率领的。由于他有一把火一般的红胡子，所以都称他为"红胡子埃里克"。

982 年，红胡子埃里克在海上漂泊，他向西直驶，终于见到了一块陆地。他沿着海岸转了一大圈，确定这是个巨大的岛屿，就登陆上岸，发现草原上散布着松树和柳树，那里夏天暖和，适于植物生长，而在浅湾和内港，可以看到生活在那里的海豹与鲸。他欣喜若狂，于是把该岛命名为格陵兰，意思是绿色的大地。

埃里克返回冰岛，到处讲述格陵兰岛的美丽富饶。到了 985 年，埃里克带了一队想要到格陵兰定居的移民到达了该地。

他们在岛上安了家，建起了许许多多的房子和谷仓。这片居住地后来被称为"东开拓地"，也就是尤里亚尼合浦，当时成了一个相当繁华的地方，有190 座农场和一些教会及修道院。埃里克顺理成章地成为"东开拓地"的首领。

不久，另一个移民团体也来到了格陵兰岛，但埃里克并不欢迎他们在此垦殖。他们只好沿着海岸继续往西走，最后在格特合浦峡湾建立了"西开拓地"。紧接着的每一个夏天，移民们不断地朝这两个开拓地拥来。这时，他们突然发现了一些不速之客，后者具有青铜色的皮肤，矮小而粗壮，操着完全不同的语言，这就是生活在北极地区的爱斯基摩人，显然他们才是格陵兰的最早居民。

格陵兰岛的北欧移民们很快与爱斯基摩人进行交易，他们以玉米和铁器换取爱斯基摩人的海象牙，换取白熊及海豹的皮毛。然而，交易经常引起争执，北欧人开始袭击爱斯基摩人。

在这以后的 300 年里，格陵兰岛上的 16 座教堂一直向罗马主教进贡。但到 15 世纪初，这种进贡突然中断了，格陵兰殖民地也从此杳无音讯。其原因可能是当时全球气温的逐渐降低，冰盖的面积越来越大，全部拓荒者因无法适应而死亡。但据考古学家的资料，在今天发现的拓荒者的遗骸上，明显有杀戮伤残的痕迹，因此他们很可能是在与爱斯基摩人的战争中被灭绝，而饥寒仅是他们全体失踪的第二个原因。

▶️ 首登北极新大陆

　　第一个到达北极新大陆——也就是北美洲在北极圈内的大地的是红胡子埃里克的儿子里夫。

　　1001 年的夏天，里夫的船在大海中遇上了风暴。咆哮的海浪涌上了甲板，海水一直淹到了水手们的腰部。里夫临危不惧，从容指挥，与水手们同舟共济，度过了险境。风暴渐渐平息下来，里夫抬头往远处看去，在视力所及的西边，他看到一条由北往南逶迤的海岸线。

　　陆地的出现并没有使里夫兴奋异常，他反而不由得皱起眉头。因为眼前的这块陆地平坦低矮，到处都是茂密的森林，既不可能是土层瘠薄的冰岛，也不可能是岩石赤裸的格陵兰岛。于是他认定，他发现的是块前所未闻的新大陆。

　　里夫登上了大陆的海岸后，把登陆点命名为维兰，并在那里盖了房子，度过了一个冬天。他计划在这里建立一个居民点，所以他返回格陵兰岛，准备招兵买马。但他回去之后，父亲埃里克死了。他只得接管父亲遗留的农场，从此结束了他的海上生涯。

　　里夫的弟弟索瓦尔德却决定迁居维兰，不过他极为谨慎，认为在正式迁居之前有必要实地察看一番。因此，他备了船只，带着水手循里夫的航线到了维兰。他在维兰里夫盖的房子里度过了第一个冬天。在春季和夏季，索瓦尔德对附近的海岸和内陆进行了一番考察。然而，他没有里夫那么幸运，他遇到了当地的土著，几个手势不合，便与他们发生了冲突。索瓦尔德被利箭射中，不久就死去。他的水手把他草草埋葬之后，萧瑟的秋天便来临了。水手们不得不在这里度过了极为凄惨的第二个冬天。来年，他们才回到格陵兰岛。

　　里夫的第二个弟弟李尔斯坦是个性格鲁莽的硬汉子，他决计要找回他二哥的遗体，就匆匆驾船出发了。但他的命运更加不济，一连串的风暴刮得他晕头转向，待到风平浪静，他却到了冰岛的东面。他又气又急，得了热病，不久便死了。

1003 年的秋天，冰岛人索芬恩·卡尔思夫尼来到了格陵兰。他是位商人，而且与红胡子埃里克的三个儿子都非常熟悉。索芬恩也迷上了维兰，决定到那里去定居。

1004 年，索芬恩组织了一支远征队启程去维兰。这支远征队有 3 艘船，250 个人，包括一些家属，并且带了许多牲畜，漂洋过海驶向北极新大陆。

他们顺利到达了维兰，并在那里过冬。索芬恩的妻子为他生下了一个儿子，取名斯洛尔里，他是第一个诞生在美洲的北欧人。第二年春，他们向南行驶，来到了一个海湾。他们在那里发现了大量的野麦和藤蔓。沿着海滩，他们挖一些深坑，退潮时鱼儿便会留在坑中被捕获。森林里有数不尽的野生动物，他们猎取这些动物作为食物，每天都享受鲜美的野味，生活得愉快舒服。

独木舟

独木舟，又称独木船，是用一根木头制成的船，是船舶的"先祖"，是最早的船舶，在世界各地都曾出现过。

一天，他们突然看到河面驶来许多又狭又长的独木舟，独木舟上全是面貌奇特、黑皮肤、黑头发、大眼睛、宽面庞的土著人。这些土著看到金头发、蓝眼睛的北欧人也大吃一惊。双方对峙观察了一会儿，然后土著人就划着独木舟走了。

第二年春天，这些自称斯克雷林人的土著人又来了。他们带来了一些野兽的皮毛，想与北欧人交换闪闪发光的刀剑和长矛，但索芬恩拒绝了。接着土著人看上了北欧人带去的红布，他们想用红布缠在头上使自己变得英武勇猛。交易开始时公正无欺，后来北欧人变得贪心了，他们把红布条剪成一指宽，但诚实的土著人依旧用等量的毛皮来交换。

有一次，双方正在交易，索芬恩饲养的几头牛突然大吼起来，吓得土著魂不附体，立刻跑回了独木舟。三个星期后，土著人在一片呐喊声中杀了过来，接着就发生了杀声震天的土著和狂暴怒吼的北欧人之间的一场血战。

这些斯克雷林人尖叫着向北欧人进攻。在战斗中他们使用了一种莫名其妙、然而使人望而生畏的武器。这种武器是一根木棒上绑着一个黑色的圆球。圆球大约有绵羊肚子那么大，敲在头上时，会发出令人毛骨悚然的可怕声音。索芬恩和他手下的人都吓坏了，边打边撤，最后到了背临悬崖、无路可退的境地。这时，红胡子埃里克的女儿弗雷蒂斯挺身而出，扯开自己的上衣，披散头发，一边用剑在自己的胸脯上猛拍，一边尖声吼叫。看到这景象，已经胜利在望的斯克雷林人一下子愣住了，以为遇到了正在施展妖法的魔女，拔腿就逃，一会儿就跑得无影无踪了。

　　这以后，索芬恩不断遭受到斯克雷林人的骚扰。他们在美洲大陆勉强地挨过了 2 年，实在无法再住下去，最后终于驾船离开了新大陆。

俄国人的北极探险

　　在 17 世纪末，俄国的彼得大帝上台，他除了大举开发西伯利亚之外，还秘密派遣了两个人，从海上出发去探索。他曾经提出要寻找一条通过北极海域通往中国和印度的路。他任命已经在俄国海军中服役达 25 年之久，具有丰富航行经验的丹麦人白令为队长，去完成确定亚洲和美洲大陆是否连在一起的这一艰巨任务。白令发现了阿留申群岛和阿拉斯加，但亚洲与美洲是否连在一起这一问题仍未解决。

▶ 遗恨白令岛

1725 年，彼得大帝为绘制新疆土的地图，派出了大规模的探险队，以考察整个西伯利亚的北部海岸地区。但是俄国当时缺乏航海方面的人才和经验，彼得大帝就把这个探险的重任交给了丹麦人维特斯·白令。

趣味点击　彼得大帝

彼得大帝，是后世对沙皇彼得一世的尊称。彼得一世（1672—1725），原名彼得·阿列克谢耶维奇·罗曼诺夫，是沙皇阿列克谢·米哈伊洛维奇·罗曼诺夫之子。作为罗曼诺夫王朝仅有的两位"大帝"之一，彼得大帝一般被认为是俄国最杰出的沙皇。他制定的西方化政策是使俄国变成一个强国的主要因素。

彼得大帝是个有着雄才大略的君主，他给白令规定的任务非常明确。其一是从欧洲越过西伯利亚平原到达太平洋沿岸的鄂霍次克，进行长达 3000千米以上的内陆调查，其二是从鄂霍次克绕过堪察加半岛，在美洲大陆的沿岸登陆。

整整一年，白令率领 25 名探险队员一直在西伯利亚的泥沼和森林里跋涉，在凛冽的暴风雪来临之前，他们总算如期到达了鄂霍次克。然而，彼得大帝允诺的探险船却迟迟没有到来。白令当时并不知道，就在他们启程后不久，彼得大帝就与世长辞，显贵们争权夺利，谁也顾不上白令的探险队了。

1727 年夏天，白令等人终于盼到了一艘船。白令立刻决定试航，到堪察加半岛附近的海域进行探险。第二年暮春，他又获得了一艘船。于是他把上一年经过锻炼的探险队员均分在两艘船上，沿堪察加半岛海岸向北航行。他们一直到达了阿纳德尔湾，并在圣劳伦斯岛上登陆，接着又从浮冰的夹缝中继续向北进发。在这年 8 月的一天，他们穿过一条狭隘的海峡，进入了北冰洋。但是此时，夏天已经接近尾声，海风变得十分刺骨，海面一到夜间便结出一层薄冰。白令清楚，再向前航行意味着死亡，于是，他指挥船只掉头返回了鄂霍次克。

1729 年，白令再次出海。但这年的夏季来得迟却去得早。他的船队没行驶多远，便被成群的冰山挡了回去。白令原准备来年再做一次尝试，但探险队员久离故居，思乡心切。白令无奈，只得同意回圣彼得堡。

前后 5 年，白令虽然没能看到北美海岸，但他凭航海记录断定，亚洲和美洲并不相连。

你知道吗

白令海峡

白令海峡位于亚洲最东点的迭日涅夫角和美洲最西点的威尔士王子角之间，西经 169°0′，北纬 65°30′，约 85 千米宽，深度在 30～50 米。这个海峡连接了楚科奇海（北冰洋的一部分）和白令海（太平洋的一部分）。

这时的俄国已是安娜女皇的统治时期，这位女君主下诏书要白令组织第二次探险。白令由于壮志未酬就慨然应诺了。

1734 年，白令再次来到了鄂霍次克，但是安娜女皇却朝令夕改，等她重新想起要给白令装备探险船时，已经是 1741 年了。

白令在鄂霍次克百无聊赖地空待了 6 年，现在他一下子获得了两艘探险船，大喜过望，立刻准备启程。该年的 6 月 4 日，他乘坐"圣彼得"号从锚地出发，紧随其后的是奇里科夫指挥的"圣保罗"号。

起初，湛蓝的海面上还是风平浪静，但是好景不长，当西边的堪察加海岸线刚刚从眼帘中消失的时候，海上狂风四起，恶浪滔天。

"圣彼得"号自顾不暇，奋力挣扎，好不容易脱离了险情，回首一望，却不见了"圣保罗"号的踪影。但是，白令并未因难而退，而是下令继续前进。8 月 24 日，浓雾散尽，他来到了一片陌生的海域，而在这片海域的东边，他看到了一条同样陌生的海岸线。

白令登上陆地，勘察了沿岸的地形，并宣布该陆地为俄国永久占有。他指挥船员建造越冬小屋，但马上又改变主意，决定火速返航。由于仓促起航，蔬菜准备得不足。而船员们长期吞食发黏的咸肉，已经出现坏血症的先兆：牙龈出血，发烧乏力。白令的身体状况也很差，常感到力不从心。不过，他仍然没有忘记他的探险任务，途经的每一个岛屿他都要停靠登陆，插上一面俄国的旗帜，以示领土的归属，同时伏案绘制地图。

白令的身体越来越衰弱。到了 11 月，海面虽然已经结了层冰棱，但他们对这一片海域算得上驾轻就熟，久违的堪察加半岛不久便能遥遥相望。船队继续前进。

以白令的名字命名的白令海峡

风起了，波浪渐渐汹涌，白令却累了，早早地躺在床铺上睡着了。一阵巨大的震动把他惊醒了，接着他看到水柱从船底冒了上来。他立刻知道船触礁了，想披衣起床，但冰凉彻骨的海水使他倒下了。船员们把他从水里拖上来，又把他抱上一个小小的海岛。他浑身发抖，但依旧勉强地挺立在灰蒙蒙的曙色里，望着慢慢倾斜沉没的"圣彼得"号，他喃喃地说："沙皇彼得，我完成了您的任务，但我应该走得更远……"说完就倒下了，再也没有起来。

幸存的船员们从冰里刨出石块，在高高的山冈上垒起一座坟墓，以寄托白令的梦想和遗恨。

船员们在岛上眼看走投无路，束手待毙，突然从雾里冒出一条船的侧影。原来是奇里科夫指挥的"圣保罗"号，他与白令失散后同样没有返航，而是独自航行，发现了阿留申群岛中的一些岛屿，此刻正走上归程。

后来的探险家，为了缅怀白令这位忠于职守的北极开拓者，把他指挥船只第一个穿过的海峡命名为"白令海峡"。

拓展阅读

阿留申群岛

阿留申群岛位于白令海与北太平洋之间，自阿拉斯加半岛向西伸延至堪察加半岛。由超过300个细小的火山岛（其中有57座火山）组成，长1900千米，总面积17 666平方千米。

冰雪中的夫妻坟墓

安娜女皇除了派白令到东北极区探险外，还组织了一个北极考察队，由普隆契谢夫领队，目的是寻找北冰洋上的不冻港。

普隆契谢夫乘坐的是"雅库茨克"号，这是一条古老陈旧的双桅木帆船，载重量小，设备简陋。它本是条内陆河船，但为适应航海需要，在两侧加装了12对笨重的木桨，以备无风时使用。船上仅有的仪器是沙漏计时器和等高仪，可以说设备极其落后。

临行前，普隆契谢夫正在筹备婚事。但行程紧迫，匆匆举行了一个仪式就准备启程。新婚妻子一再坚持，普隆契谢夫犹豫再三，还是答应了让妻子达吉亚娜与自己同行。

1735年夏天，"雅库茨克"号从勒拿河上游的库尔茨克城出发。初航时一帆风顺，从库尔茨克城到勒拿河口1000多千米的行程中，两岸的景色非常迷人，让人感到这似乎不是在探险，而是在进行一次旅游。

但是，几十天后，船驶入大海，闲情雅趣便被一扫而光。北冰洋无边无垠，成群的冰山不时地出现在他们的视野。普隆契谢夫指挥着船顺着强劲的东风，避开冰山向西驶去。对当时来说，这是人类从未扬帆过的大洋。他们一边紧靠海岸行驶，一边测绘地图。这时，他们才发现欧亚大陆的北部海岸线在北冰洋中延伸得那么遥远而漫长。

转眼间，冬天便来临了。狂风咆哮，雪花漫天。巨浪拍击着甲板，整条船像裹了层冰的铠甲。有时浓雾障目，伸手不见五指，船只被迫停航。他们就这样走走停停，在离勒拿河口仅200千米之遥的奥列尼奥克河口抛锚停泊时，北冰洋已完全封冻了。无奈之下，他们只好就地过冬，坐等来年冰融雪化时再继续行进。

北极之夜长达6个月，终日不见太阳。他们住在爱斯基摩人遗弃的木屋里，昏暗、潮湿、寒冷，整天点着长明灯。屋外暴风雪在盘旋、呼啸，还不时传来野兽的嗥叫声。一阵大风刮来，小屋连同脚下的大地便战栗起来，微弱的灯火也不安地闪烁不定。

带来的粮食吃完了，他们便去猎取海豹和驯鹿；为了御寒，他们用血腥

拓展阅读

坏血症

坏血症是由人体缺乏维生素 C 引起的，表现为毛细血管脆性增加，牙龈肿胀、出血、萎缩，常有鼻出血、月经过多以及便血等症状，还可导致骨钙化不正常及伤口愈合缓慢等。这些都与缺乏维生素 C 使体内的胶原蛋白不能正常形成有关。

的兽皮缝制衣服；蜡烛也用光了，他们便熬动物油脂照明。他们的生活极为艰苦，特别是由于长期吃不到蔬菜，普隆契谢夫和达吉亚娜都患上了坏血症，周身乏力，每一块肌肉和关节都在剧痛，齿龈肿胀，一嚼东西就出血不止。

半年总算熬过去了。当太阳再次从地平线上升起的时候，他们相互搀扶，跌跌撞撞地跑出小屋，喜悦之情溢于言表。

夏天来了，冰雪消融，河水流动，苔藓、地衣也向人们展示着自己的风采。成千上万只海鸟在悬崖上忙碌地筑巢产卵，海面上成群的海象在游动，浮冰上的白熊也跳进水里嬉戏，一切都显得生机勃勃。

探险队员们开始整装待发。但是，普隆契谢夫的两脚却不听使唤，他由同样颤巍巍的达吉亚娜艰难地搀着行走。

启程后，一路上发现的海岛越来越多，他们把岛屿一一标记在图上后继续航行。北冰洋依旧寒意料峭，浪涛拍打船头，扬起的飞沫在甲板上结成了冰层。为了避免与冰山相撞，他们日夜派人在甲板上值班瞭望。

1 个月过去了，太梅尔半岛已经展现在眼前，按捺不住兴奋的心情的普隆契谢夫执意要上甲板值班，同去的还有他的妻子达吉亚娜。

当晚，虽然风平浪静，但天气奇寒。当船舱里的船员听到甲板上尖利的惨叫跑出去时，普隆契谢夫已经冻死在达吉亚娜的怀里。几天后，达吉亚娜由于极度哀痛，也随之忧郁而死。临死前她让领航员切留斯金把她和普隆契谢夫葬在一起，让他们生生死死都属于无情的冰雪。

探险队员们悲痛万分，他们把船靠岸，按照达吉亚娜的愿望把夫妻俩合葬在一座坟墓。此时，继续向前航行已经不可能了，洋面上的浮冰越来越多，显然短暂的夏天已经结束，而北极的秋天只是昙花一现，接踵而至的将是又一个恐怖的冬季。代理队长几经权衡，决定原路返回。

◤ 以领航员的名字命名的海角

切留斯金是"雅库茨克"号的领航员。本来他并不是一个非常果敢的人，但普隆契谢夫的以身殉职一下子将他内在的勇气激发了出来。普隆契谢夫死后，"雅库茨克"号回到了俄国。之后的3年里，切留斯金将"雅库茨克"号整修一新，并做好了再次出航的准备。

1739年，"雅库茨克"号又重新起航，继续前人的未竟之业。由于切留斯金以剑相威胁，探险队新队长拉普帖夫终于同意仍让他任领航员。

不过，幸运之神这次依旧没有惠顾他们，出航不久，船就在夜间被浮冰撞出一个大洞。等他们修补好漏船，这年的夏天已逝去了。于是他们就选择了靠近太梅尔半岛的哈坦加河口作为越冬地点。

拉普帖夫和切留斯金原计划在1740年夏季到达叶尼塞河河口，从而勘测出亚欧大陆的最北点。但是当这年的夏季来临时，重重叠叠的浮冰使船只无法挣脱，随着一声轰鸣，船沉入了海底。探险队员急忙把各种物资运到浮冰上，这块浮冰居然奇迹般地靠上了太梅尔半岛的海岸。

虽然此次出航经历了一系列的挫折与失败，但是探险家们的意志依旧是那么坚定。他们决定改从陆路向目的地进发。

1741和1742年的两个春天，他们用狗拉雪橇走了6721千米，考察了整个太梅尔半岛。1742年5月9日，以切留斯金为首的一组人最先到达太梅尔半岛的"东北角"——欧亚大陆的最北点。

这就是后来人们所知的切留斯金角。

富兰克林的北极探险

　　为了鼓励新的努力，英国政府决定设立两项巨奖：2万英镑奖励第一个打通西北航线的人，5千英镑奖励第一艘到达北纬89°的船只。但这却导致了富兰克林的悲剧。1845年5月19日，富兰克林率2艘船共129名船员，沿泰晤士河顺流而下。自从7月下旬，有些捕鲸者在北极海域看到了富兰克林的船队后，他们便消失得无影无踪。在1981年6月，人们才找到他的遗骸。

 愿望落空的六年

约翰·富兰克林于1787年出生在英国林肯郡一个店主的家里。他在14岁的时候就离家投身皇家海军，并参加了当时的哥本哈根战役。1802年，在另一次特拉法加战役中，他所在的战舰有300名士兵阵亡，几乎全舰覆灭，而他却大难不死。由于在那次战役中功绩显著，他被破格授予海军上尉军衔。

参加海军以前，少年的富兰克林就非常爱听大人讲述充满了惊险和神奇的海上探险故事，常常为那里面的传奇式人物的英雄事迹所倾倒。渐渐地，在他幼小的心灵里，大海越来越富有吸引力，海上探险更是引起了他强烈的兴趣。

在皇家海军的漫长岁月里，除了紧张的军事训练和作战，海上探险几乎成了富兰克林的第一爱好。1818年，他曾被委任为一艘探险船的指挥官，以考察北极冰山为目的，做了首次短暂的海上探险。

探险家富兰克林像

在富兰克林的探险生涯中，他的第二次海上探险大概是最成功和最富有传奇色彩的。他在加拿大的北极区考察了约1200海里的漫长海岸线，立下了卓著的功勋，因而在返回英格兰不久就被授予爵士称号。在那次探险中，一连串的灾难都曾降临到他头上：船损坏了，不得不放弃船而步行；携带的食物吃完了；两名伙伴活活饿死……可是在

知识小链接

爵 士

爵士是欧洲君主国的一种爵位，是指在战场上立过功劳或因某种特殊的意义，因而得到国王赏赐的人。也可以作为一种音乐的名称。

那次灾难性的活动中，富兰克林又是大难不死。当地的印第安人在极地发现了他，在他们的救助和护理下，几乎被饿死的他竟奇迹般地得到康复。1822年7月，他终于平安抵达加拿大哈得孙湾一家英国商行所属的一处驿站。

这年秋天，富兰克林回到英格兰，随即被提升为舰长。

1836年，英国皇家地理学会在伦敦开会通过了一项决议：以学会的名义，请求海军部组织一支探险队，对推测中的西北航道作一次最后的探索。

西北航道地处北极区，由英国通往北美一带，如能通航，在战略上将有十分重要的意义。以前，一些北极探险队虽已绘制了很多路线图，可这一次却是关系到到底能不能通航的最后的探索。

所以，消息一传出，立即受到英国探险界的热烈支持。从小就酷爱海洋探险、曾两次去北极考察、具有丰富经验的探险家富兰克林，更是按捺不住心头的激动，第二天一早就急忙赶到了皇家地理学会，要求参加这一工作。他表示，完成西北航道的探索，是自己最迫切的愿望。

但遗憾的是，他未能得到英国海军部的支持。1836年的这次探险活动的指挥权，落到了一个名叫乔治·贝克的人手里。富兰克林的愿望落空了。他被派往澳大利亚的塔斯马尼亚岛，在英国的这块小小的殖民地上当了总督，在那里整整待了6年。

▶ 神秘失踪

1843年，富兰克林被召回国内。而恰在此时，因为1836年派出的贝克率领的探险队，几年来没有取得任何结果，海军部正在研究是否再派人去探寻西北航道的问题。于是，富兰克林再次向海军部提出申请，希望能由他率领一支新的探险队，前往北极。

这一次海军部终于答应了他的请求。想到长达6年之久的愿望得以实现，富兰克林激动万分，情不自禁地流下了热泪。的确，对于一个无比热爱海洋探险事业的人来说，没有什么比这更值得高兴的了！

富兰克林开始进行出发前的准备工作。为了适应北极的恶劣环境，他选用了2艘刚从南极海域回来的探险船——"黑暗"号和"恐怖"号，并亲自挑选了128名探险队员。他将较大的"黑暗"号作为旗舰，另委任弗朗西斯·克劳齐为"恐怖"号船长。他带领队员，模仿北极地区当地人的生活习惯，进行了一系列训练。还准备了些英国纯银和刻花水晶，一旦到了危难关头，可以用这些东西同当地人交换急需的物品。

拓展阅读

泰晤士河

泰晤士河是英国著名的"母亲"河。发源于英格兰西南部的科茨沃尔德希尔斯，全长402千米，横贯英国首都伦敦与沿河的10多座城市。流域面积13 000平方千米，在伦敦下游河面变宽，形成一个宽29千米的河口，注入北海。

1845年5月26日，富兰克林指挥着"黑暗"号和"恐怖"号从泰晤士河起航。这是一次具有历史意义的海上探险活动，它牵动着每个英国人的心，成千上万从各地来的人聚集在码头上，目送着探险队徐徐远去。

但是，事实并不像人们预料的那样。2个月过后，在格陵兰附近海域，不幸的事情终于发生了。探险船队被一艘巨大的捕鲸船挡住了去路，随后便失去了与英国的一切联系。富兰克林北极探险队就这样莫名其妙地失踪了。

消息传开，人们顿时惊呆了。皇家地理学会和海军部里电话铃声彻夜不停，但他们根本无法回答人们提出的各种询问。不过，由于在出航以前，富兰克林曾说过这次探险活动至少需要2年的时间，所以到后来尽管已经过去了12个月，探险队仍然杳无音信，但人们还是不相信真会有什么坏事情发生，甚至仍在等待着他们成功的消息。

横贯伦敦的泰晤士河，
富兰克林就是从这里出发走向北极的

2年的时间过去了，还是不见富兰克林探险队的踪影。一种不祥之兆悄悄降临到海军部里，人们这才开始惊慌起来。

1848年春季刚到，海军部赶紧派出了3支规模较大的搜寻队，仔细搜寻失踪的富兰克林探险队。遗憾的是这 3 支搜寻队的搜寻活动，由于多种原因不久就都失败了。

👉 悬赏与决心

　　1850 年，英国海军部发出悬赏：凡是发现富兰克林探险队踪迹的人，将可获得 1 万英镑的重金。虽然奖金丰厚，但要拿到却非是一件容易的事情。在悬赏令公布后的 1 年的时间里，有 141 名探险人员冒险去了北极，但没有一个人获得成功。

　　1854 年 3 月，眼看这笔赏金已是无人能领了，海军部这才不得不向全国发布富兰克林探险队全体官兵遇难的正式公告。可是，就在这以后不久，却传来了有关这支探险队的消息。

　　1854 年的 10 月，加拿大赫德湾公司约翰·雷博士的一封信寄到了海军部。信上写道："早在好几年以前，至少有 30 个白人死在一条河流附近，这条河大概就是人们常说的大鱼河……我的这条重要消息是从佩利湾的爱斯基摩人那儿得来的，而他们又是从另一个爱斯基摩部落的人中听来的。"为了证明这一事实，他还附上了几份从爱斯基摩人那儿搞来的书面材料，以及几片富兰克林头盔上的羽毛和银饰。

　　对于雷博士的报告和证据，海军部经过研究以后，认为是确实可信的。但由于当时克里米亚战争正打的热火，海军部没有太多的工夫去顾及这件事，因此也未能派出搜寻队按雷博士提供的线索去寻找这支已失踪多年的探险队。不过，到了 1855 年，雷博士还是得到了 1 万英镑的赏金。

　　当时，对雷博士得到奖金一事，社会各方面的看法不一。多数人认为他提供的消息和证据是可信的，应该得这 1 万英镑；但也有不少人——包括富兰克林的遗孀在内，提出了一些不同的看法。

　　富兰克林夫人指出："关于有 30 个白人死在大鱼河附近的消息，只是雷博士从别人那里听来的第二手材料，还不足以说明问题。而且，除了这 30 人以外，还有 3/4 的人又到什么地方去了呢?!"她请求当时的英国首相组织一个调查队，再去找一找。可是，她的请求被首相拒绝了。

　　想到丈夫的命运，富兰克林夫人悲痛欲绝，她决心无论如何也要弄个水落石出。她甚至考虑，如果政府仍持那种不了了之的态度，她就要自己筹措资金组织一支搜寻队。

不久，富兰克林夫人果真买了一艘177吨的游船"狐狸"号，并进行了适应北极航行的改装。富兰克林夫人的决心极大地震动了整个社会，人们纷纷援助她。海军部也为这种坚贞不渝的精神所感动，支援了她大量的海上探险所必需的物质。同时，海军部还答应她的请求，特许了利波·麦克林托克海军上尉的假，由他这个曾参加过第一次搜寻活动的舰长，来指挥这一次的搜寻活动。

就这样，1857年7月1日，"狐狸"号终于起航出海了。

真相大白

1857年"狐狸"号出海的时候，富兰克林探险队已经失踪12个年头了。当"狐狸"号行驶到格陵兰西部海岸附近时，它被浮冰挡住了去路，只得随着海流漂流了大约250天。到了次年4月26日，漂流了1385海里的这艘船才脱离险境，重新获得了自由。

1858年7月，"狐狸"号抵达兰开斯特海峡，然后继续向西推进。在到达一个名叫比切的小岛时，队员们发现了富兰克林曾在这里过冬的踪迹，于是就在这里立了一块石碑，以纪念失踪的探险队的勇士们。

北极浮冰曾一度阻挡了"狐狸"号前进的道路

离开比切岛，他们又航行到布西亚湾东面的威廉岛。麦克林托克决定在这儿过冬，等到来年春天，再进行一次横越大陆的彻底探查。

苦苦熬过了一个寒冬之后，"狐狸"号终于迎来了1859年的春季。可是在威廉岛，依旧是寒风呼号，白茫茫一片冰雪。麦克林托克把队员分成3个小组，用雪橇在雪地上长途滑行。不久，他们到达维多利亚角附近的地方，遇到了一些爱斯基摩人，又从爱斯基摩人那里得到了一些"黑暗"号和"恐怖"号的遗物。爱斯基摩人告诉他们："早在好几年前，有一艘船在威廉岛北部沿岸被冰雪压坏了，有人从船里跑了出来，朝着大鱼河方向走去，走了很远，最后就死在那儿了。"

4月里，麦克林托克再次遇见了爱斯基摩人，又听到了有关第二艘船的一些情况。据说也是被它的乘员抛弃的，爱斯基摩人后来把船上的东西都搞走了。一位爱斯基摩老妇人颤抖着嘴唇诉说了那些英国人朝大鱼河方向艰难行进的情景。她最后说："当他们沿着岸边走了很长路程以后，终于躺倒了，再也起不来了。"

爱斯基摩人提供的重要情况，使麦克林托克非常激动，探险家们的英勇献身精神，激励着他继续向前搜寻。

5月份，麦克林托克率领部分队员来到了大鱼河地区，不过由于年代相隔太久，已很难找到失踪者的踪迹。他们又回到威廉岛，并在附近进行了大范围的搜寻。

谁知道有一天，在西部沿海，他们竟意外地找到了一具早已变白了的骷髅，上面还盖着一件破烂的英国海军制服。这是富兰克林探险队的一名成员！再进一步搜寻，又发现埋在雪堆里的一只小艇，仔细一看，原来是"黑暗"号上的救生艇，里面有两具骷髅。救生艇搁在一架雪橇上，看样子他们是想上岸寻求援助时不幸倒下的。

与此同时，他们又发现了一个圆锥形石堆，这在探险活动中通常是用作表示某种纪念或用来表示道路的。他们拨开石堆，看到里面藏有一个重新封了口的马口铁罐头。麦克林托克撬开一看，里面竟珍藏着一份完好无损的航海记录！从内容上看，这是富兰克林手下一个小分队的军官留下来的。它用标准的英国海军报告形式书写，共有2份记录。其中第二份字迹潦草地写着：

1848年4月25日。英舰"黑暗"号和"恐怖"号已于4月22日被5名看守队员遗弃了，这是自1846年12月12日以来最令人烦恼的事情。在弗朗西斯·克劳齐的领导下，现在共有105名官兵，处在北纬69°37′、西经98°41′的地方。约翰·富兰克林先生已于1847年6月11日死去。探险队中已死亡9名军官和15名队员。

上校军官弗朗西斯·克劳齐

船长詹姆斯·菲茨詹姆斯

麦克林托克含着激动的泪水，念完了探险勇士们留下的这份最后的报告，全体搜寻队员不禁肃然起敬，行了庄严的军礼。

事实已经很清楚，富兰克林当初试图通过威廉岛西面的维多利亚海峡，由于碰到了巨大的浮冰，被困在这个地区。1847 年 6 月，他不幸死去。后来在长期的饥寒的折磨下，一些探险队员也相继捐躯。1848 年春季，也就是探险队写下第二份记录前，已经接替富兰克林职务的克劳齐上校做出了一个勉强的决定：离开"黑暗"号和"恐怖"号去大鱼河寻求紧急援助，特别是寻找食物。但一切都是徒劳的，他们什么也没找着，甚至连大本营——两条探险船也都被饥饿难忍的看守队员不得已地抛弃了。

基本小知识

威 廉 岛

加拿大纽纳武特地区西部北极群岛中的岛屿。位于维多利亚岛和布西亚半岛之间。斯多里斯水道和辛普森海峡将威廉岛和大陆的阿得莱德半岛隔开。岛长约 175 千米，宽约 160 千米，面积 13 111 平方千米。地面相当平坦，海岸线曲折。

➡️ 青史留名

1859 年 9 月，历时 2 年零 2 个月的搜寻活动宣告结束，麦克林托克率探险搜寻队胜利地回到了英国。这次他们的发现，成了轰动一时的重大新闻，被人们誉为历史上最伟大的一次搜寻失踪探险队的活动。由于贡献卓著，麦克林托克被授予了一系列荣誉，其中包括爵士地位及皇家地理学会的金质奖章。皇家地理学会同时还将这种金质奖章授予了富兰克林夫人。

对于富兰克林探险队惨遭失败、无一生还的结局，一些近代极地考察专家认为，离开陆地到那荒无人烟的北极区探险，只吃一些装在马口铁罐里的粮食，无疑会引起严重营养不良或坏血病，这也许是其主要原因。

虽然富兰克林的北极之行以失败告终，但是，他的英雄行为和献身精神却永远留在了人们的心中，他的精神也激励一批又一批探险家前行。

美国人的北极探险

　　虽然英国富兰克林探险队的失踪是一个悲剧，但在持续 10 多年的搜寻他们下落的过程中，人们也得到了有关北极和阿拉斯加海岸丰富的地理知识，人们对北极探索的兴趣更加浓厚了。而在此时，一个新兴的大国——美国也开始登上北极探险的舞台。

　　1879 年 7 月 8 日，美国人乔治·德朗在纽约《先驱论坛报》老板 10 万美元的赞助下，率"珍妮特"号从太平洋西岸的旧金山启程，前往北极探险。

"珍妮特" 号出征北冰洋

1879 年 7 月 8 日，美国人乔治·德朗，率"珍妮特"号从太平洋西岸的旧金山启程，前往北极探险。

满怀豪情的德朗，对着他那年轻的新娘爱玛频频挥手，而爱玛也不断摇动着手帕。在爱玛眼里，德朗几乎就是完美的人——精力充沛、意志坚强，并善于克服心理障碍。此刻爱玛心里想的全是德朗成功归来的情景，但是她没想到，这次告别竟成永诀。

经过 1 个多月的航行，"珍妮特"号穿越了白令海峡，进入了北极圈，这里自然条件的恶劣远远超出了德朗的想象，简直像是地狱之旅。船在楚科奇海向符兰格尔岛航行的途中，连连遭到流冰的袭击。眼看冬季将到，德朗想找块陆地越冬，但已由不得他了，流冰把"珍妮特"号团团围住，船只能随流冰向西北漂去，无法自拔。

到了 10 月，太阳已很少露面了，暴风雪越刮越猛。该月的 26 日，挟持"珍妮特"号的巨大冰块发生剧烈的震动，船的前方出现一条条裂缝——这是冰层重新聚合的不祥之兆。德朗吩咐从船上拖出雪橇，并装上生活必需品，以备不测时所用。

11 月 11 日夜，接连几天的冰裂，使眼前的景观发生了巨大的变化。几米高的"冰波"慢慢向"珍妮特"号挤来，船体咯吱乱响。在最危险的时候，德朗要船员都和衣而卧，他却独自在甲板上瞭望，稍有险情，便叫醒船员准备弃船逃生。大家被恐惧搅得心神不宁，筋疲力尽。他们都明白，"珍妮特"号和全船人的生命都可能在一瞬间消失。

不过幸运的是，在险境和惊悸之中苦熬了 4 个月，德朗探险队度过了黑暗的极夜，迎来了 1880 年的第一抹阳光。但船依旧被冰群挟持着漂流，到 3 月底，德朗用罗经测定方位，不禁大吃一惊，原来船又回到半年前所处的位置。他们历尽艰辛做出的所有努力，都已付之于东流！

极地的夏天来了，"珍妮特"号附近也开始有白熊出没。原来一片白皑皑的冰原融化出一洼洼海水的"湖泊"。此情此景使德朗重新燃起了希望，他想借助夏天的风使"珍妮特"号冲出冰的重围。但是北极的夏季是软弱的，阳光稍微减弱，寒冷又使水结成冰，"珍妮特"号始终逃不出冰的围困。至此，船已在冰海中漂了 1 年，德朗向西北方向仅移动了 250 千米。

📷➤ 折戟北冰洋

随着这一年冬季的来临，"珍妮特"号又被浮冰推向南方。德朗虽然忧心如焚，却也无可奈何。进入 11 月，极地之夜又开始了，冰墙再次戏弄着"珍妮特"号。探险队员对冰层尖利的挤压声早已习以为常，不再惊恐。他们生活索然无味，只有天幕上的孤月与寒星和他们做伴。他们似乎也不再迫切希望看到陆地。花草树木都成为一个个抽象的词语出现在他们的脑子里。"珍妮特"号忽东忽西，忽南忽北，全都由不得探险队员。

又是漫长的等待之后，1881 年的春天终于来了，德朗的信心再次被激发。他举办了辞旧迎新晚会。探险队员中的印第安人跳起了粗犷的土风舞，德朗则对大家作了热情洋溢的新年致辞。他说："在这一年半里，'珍妮特'号一共漂流了 2500 千米，这事实本身就是一个奇迹般的纪录，如果上帝愿意让我们漂流，那我们就继续漂流下去好了，总有一天我们会漂到我们要去的地方。"

3 月份，"珍妮特"号向北漂流的速度加快了。5 月 16 日晨，领航员琴巴尔像往常一样踏上甲板，意外地发现了远处的一个小岛，这是他们在冰海中漂泊了 20 多个月第一次看到的陆地。船员们祈祷海面上刮起顺风，把他们吹向那个岛屿。德朗测定出该岛屿位于北纬 74°47′，东经 159°20′。随后，德朗又把它命名为"珍妮特"岛。

但由于风向突然改变，船又转向西南。1 个星期后，他们又看到了一个不大的岛屿。德朗把那个岛屿命名为"根里耶特"岛。恰好，这个时候一向漂流不定的流冰停住了，工程师曼维尔迅速放下一只小艇，奋力向岛屿划去。他们随身带着猎枪，希望能找到补充的食物。他们努力寻找了 7 天，仅带回一些岩石和苔藓标本，其他并无所获。

船上的生活早已使许多人病倒了，而此时又有几个队员因食用过期的罐头食品，中毒躺倒了。德朗一直在寻思改造风力发动机，却不慎被桨片击伤，留下了长达 10 厘米的创口，伤情严重。此时的"珍妮特"号与其说是探险船，不如称其为一所战地医院，船上到处都是面容憔悴的病号。

即使遭受如此大的挫折，德朗仍然坚持每天记日记。那天晚上，当他正在写日记的时候，船发出一阵似同喘息的震动声。他冲上甲板，看到他那一直被牢牢禁锢的船周围出现一道久违的波纹，接着波纹荡漾出一片开阔的水面，向南刮的风也开始缓缓吹来。他兴奋万分，庆幸船终于能脱离冰封。他满怀希望地想，这次他一定能使他的"热情完全消失"的队员走上返回家园之程。但是，水道两边的冰带像被魔手操纵似的，很快合拢，把不幸的"珍妮特"号更紧地夹住。这突然的变化，使船头变形，船板纷纷裂开。冰层继续挤来，船被高高抬起，倾斜了。德朗知道"珍妮特"号的最后时刻到来了。6 月 11 日晚 8 时，它终于被冰层挤碎，沉没了。

➡ 德朗遇难

这时，大部分食品和用品都已搬到流冰上。德朗有足够 32 人应用的装备：3 艘小艇、6 架雪橇、23 只狗以及够他们吃 2 个月的粮食。

他们告别了船体残骸，在冰原上休整了 1 个星期，接着便向正南的西伯利亚方向进发。6 月 18 日，即他们行走的第一天，就有 2 架雪橇折断了。那时正是夏季，是乘雪橇最不利的季节，到处都是裂隙，不时有人落入融雪坑中，而坚冰常常变成冰凌、冰障挡住他们的去路。

经过 10 多天的跋涉，德朗发现了一个可怕的事实，尽管他们以 6.4 千米/日的速度在冰上行进，但洋流、海流却把这个大冰块带到更远的地方去。结果，他们虽然向南走了十几天，但离西伯利亚的距离比当初还远 45 千米。

当他们向北极挺进时，冰块总把他们送到南方或原地不动；而当他们向南奔去之时，冰块却偏偏向北漂去。但是，行动总要比坐以待毙好。德朗认为只要到这块大冰的边缘他们便能划舟南行。于是他下令继续向南前进。

北风意外地吹起来了，它似乎抵消了洋流，劳顿不堪的队员们愈来愈靠近南方。7 月 12 日，他们又看到了一座不知名的小岛，这是他们出航 2 年来第三次看到陆地。

7 月 26 日，他们终于到达这块大冰的边缘。但灾难依旧羁绊着他们。他们的一艘小艇不久便在海中倾覆，艇上的队员全部遇难。另一艘小艇在拉普帖夫海转悠了近 1 个月，最终平安到达西伯利亚的一个小村庄。而德朗乘坐的第三艘小艇在 9 月 17 日才在勒拿河口登陆，这些人都受到严重的冻伤，而且，只剩下 4 天的口粮了。但德朗还是保持着令人吃惊的纪律，他命令队伍继续向南前进。到 10 月 8 日，他们只剩下 13 个人，德朗也衰弱得迈不开脚步了。他集中了所有能吃的东西，让 2 名队员带着，尽可能向南寻求救援，余下的人留下等待。

那 2 名队员果然活着到达一家狩猎人的住屋。他们被送到俄国人的一个村落。当地人立即派出搜索队伍，但未能找到困在冰雪中的那些人。直到第二年春天，人们才找到德朗的尸体，旁边摆着他精心保存的航海日志，上面完整记录着离开旧金山后的每一个事件，其中包括他们弃船后 140 天里的苦难遭遇。

德朗探险队虽然没有什么惊人的发现，只是找到 3 个无足轻重的小岛，但他成功地做了无与伦比的北极区探险的优秀记录，这记录持续到他生命的最后一刻——他以潦草得几乎难以辨认的笔迹写着："10 月 30 日，星期天，离船第 140 天。博伊德和戈兹晚上死去。柯林斯正在死去。我也差不多了，想给爱玛写一个字……"

这个字他只写了一半，"LOVE"中的"LO"。这是在他整整 2 年的艰难漂流中，第一次于公文格式的记录中流露出他深藏的私人感情。

▶ 比马卡姆的纪录更向北的纪录

正当 1881 年，德朗及其他的探险队员相继死去的时候，奥地利却召集了不少科学家制订雄心勃勃的极地研究计划——"第一次国际地球极地年"。1882～1883 年实施的该计划，一共派出了 15 支科学研究队伍，目的并不在于试图创纪录或到达极点，而是广泛收集远在极地的前哨基地的科学数据。在 12 个月的时间里他们对天气、气候变化以及其他具有地球物理意义的现象做了详细的记录。计划中特地强调了对洋流、海流现象的观察。世界各国 34 个固定的观测所也参加了该项国际科学合作活动。

美国自然不甘落后，也派出了 2 支探险队，其中 1 支是由陆军领导的，队长是少校阿道弗斯·格里利。

格里利精明能干，在短时间里以罕见的效率把探险的准备工作做得至善至美，因此获得一致好评。但陆军部忽略了一个事实：格里利的高效率往往是用粗暴的手段取得的。同时在为探险队命名时，格里利坚持要以自己的名字命名，这让陆军部大为恼火，但也无奈，因为阵前易将是不可能的，也就只得同意了他的要求。

1881 年夏，格里利带着"格里利探险队"出发了。他们由一艘小船"海神"号运送到埃尔斯米尔岛北部的迪斯弗里港。这是"国际地球极地年"预定的观测站，它在 15 个科学站中处于最远最北的位置。探险队里有 2 名中尉、1 名医生、10 名中士、1 名下士和 9 名士兵。为了适应极地的生活，"海神"号在途经格陵兰时招聘了 2 个爱斯基摩猎手。

营地一建立起来，"海神"号就急促返航，探险队员们便与世隔绝了。

起初，他们在迪斯弗里港上生活得非常顺利。厚厚的板墙足以抵挡白熊的侵袭，屋子虽然不大，但温暖而舒适。为了消遣难熬的日子，营地建有小型的阅览室，里面有上千册图书。而且在夏季的那几个月，融冻的原野上还有奇花异草，附近的猎物也很丰富，不愁没有与众不同的野趣。

再说，他们更无生命之虞。他们知道美国政府为了保障他们的安全，制定了一个周密而详尽的计划：1882 年夏会派一艘船去把他们接回来，即使该船因冰阻而不能如期到达，也无须恐慌，因为格里利探险队的粮食足够用 2 年，可等待 1883 年夏季的救助船。如果这

趣味点击　　星条旗

美利坚合众国的国旗旗面由 13 道红白相间的宽条构成，左上角还有一个包含了 50 颗白色小五角星的蓝色长方形。50 颗小星代表了美国的 50 个州，而 13 条间纹则象征着美国最早建国时的 13 块殖民地。红色象征勇气，白色象征真理，蓝色则象征正义。这面旗帜俗称"星条旗"，正式名称"合众国旗"。它在正式成为美国国旗后曾经过 28 次修改。国旗是美国宪法以及权利法案所保障的所有自由的象征。大多数时候它还是个人自由的象征。

第二艘船又未能达到基地，政府就会派出急救队从冰上去营救他们。

但是1881年的夏天没过去几天，基地就开始闹翻了天。格里利自以为得天独厚，动辄训人骂人，他甚至订了112条规定，处处维护他至高无上的权威。所以不久便有三个脾气暴躁的人与他分庭抗礼。这三个人一个是中尉，一个是中士，另一个就是队医。其他的队员有的袖手旁观，有的幸灾乐祸，有的则趁乱起哄，整个基地成了个到处嗡嗡响的马蜂窝。

基地勉强执行原计划中的观察任务，但这种状态使格里利感到十分气愤。1881年初冬的一天，他把全体队员召集到了一起，一改往日粗暴的语气，和颜悦色地说："1783年，我们美国争取到了独立，难道我们不应该在100年后的今天，替美国献上一份厚礼吗？"接着，他说出了他的目标："到达北极点，在那里插上美国的国旗。如果达不到这一点，也至少要打破以往的北极探险的纪录。现在的纪录就是我们100年前的敌人，英国人马卡姆创造的。弟兄们，为了美国的荣誉，你们有没有勇气？"

格里利精心选择的这席话，说得队员们热血沸腾。虽然大家明白，他们的行动与"国际地球极地年"的精神完全背离，但他们中间没有一个人表示异议，包括那个队医奥克塔夫·佩维，也放下表示蔑视的交叉的手，与队员们一起热烈鼓掌。

在探险队重新团结起来后不久，格里利决定向北进发了。经过苦难不堪的4个月的努力，他们到达北纬83°24′的位置，比1875年英国马卡姆的纪录向北超越了6.4千米。

◆ 悲壮的南回之路

当他们返回到基地的时候已是1882年的夏天了，但计划中的船只并未抵达。第二个冬天又过去了，仍然没有救助队伍的消息。这时，沮丧气氛开始出现在基地上。

一心想独断专行的格里利没与任何人商量就心血来潮决定南撤。也许他当初向北创纪录的余威还在，队员们都听从了。

1883年8月9日，这支队伍乘坐着一艘汽艇和一艘捕鲸船式的救生艇拔营撤退。撤退时，全体队员的健康情况良好，精神状态颇为不错。

格里利带着队伍走向 322 千米外的萨拜因角，那里设有补给品的储存处。

暴风雪不断袭击着他们的小艇，他们的口粮越来越少了，但萨拜因角已经触手可及。这时格里利确信，探险队已逢凶化吉，不会再存在过多的麻烦和内部骚扰。

但他对陆军部的期望过高。虽然陆军部在 2 个夏天都派船只营救，并且向储存处运去了 5 万份口粮，但实际存放的不足 1000 份，其他的不是在"海神"号被冰块挤撞时失落，便是又带回美国了。

在难以忍受的 8 个月间，格里利探险队的全体队员拥挤在一艘倒置的救生艇下。他们在萨拜因角外的贝德福德皮姆岛上，每天像土拨鼠似的到处挖掘，希望找出粮食的储存地，但这只是更多地消耗了他们的体力。

格里利严格实行食品分配制度，在这方面他做到了身体力行，于是又获得了队员们的信赖。为了开辟能充饥的食物源，他派出 2 名爱斯基摩人出去打猎，但当天他们没有归来，几天后才发现他们冻僵的尸体。人们已经饥不择食了，到处寻找海藻、地衣来充饥。

到了 1884 年 6 月的第一个星期，活着的军官只剩下格里利 1 人了，其他的 7 人是 1 名军士及 6 名士兵。

就在格里利彻底绝望的时候，营救队总算来了。找到格里利探险队的人是施莱船长，当时那几个人像刺猬般地蜷缩在那只倒置的救生艇下。他们的模样极为恐怖，个个面颊深凹，眼神狂乱，头发像堆海草。

不过还是有一个人开腔了，说："他就是格里利少校。"

最后，格里利也能说话了。他说："我已经达到预定目标，就是为美国打破了人类以往的最好的北极纪录。"

施莱哑然失笑了，他知道，这与"国际地球极地年"的目标完全无关。但是格里利返回美国之后依旧得到了北极英雄的待遇。

南森的不朽功勋

　　南森是人类史上第一个用雪橇横穿格陵兰的人。从格陵兰归国之后，南森着手拟定北极探险的计划。这时，南森得到一个使他兴奋异常的消息：人们在格陵兰东部海区捞上了一条船的残骸，经鉴定，它正是5年前在西伯利亚东海岸被浮冰挤碎的"珍妮特"号。他认为，既然在东方遇难的船只若干年后会在西方出现，这说明北极的冰层下面一定有一股海流。他做出了一个大胆的假设：北极区存在一股由东向西的海流，而这股海流很可能会经过北极点。

漂过北极的设想

佛里多约夫·南森，挪威人，1831 年出生在奥斯陆的一个中产阶级的家庭，其祖先是北欧海盗的一支。当"珍妮特"号在冰海折戟沉舟的时候，南森还是一名奥斯陆大学的学生；在格里利被冰原所围困，探险队在庆祝劫后余生的时候，南森已当上了卑尔根自然博物馆的副馆长。作为那个时代最伟大的北极探险家，南森的探险活动与其他人不同，他不怀任何商业及功利性目的，始终把着眼点放在科学研究方面。

在 1893 年正式踏上去北极点的征程之前，南森曾到格陵兰进行过一次徒步穿越全岛的长途旅行。他先乘船到该岛的东岸，然后乘雪橇向格陵兰西岸前进。在整整 1 年的时间里，他爬冰卧

南　森

雪，风餐露宿，忍受着严寒，终于成为人类史上第一个用雪橇横穿格陵兰的人。格陵兰之行使他得到了一个切实的体验：若想北极探险成功，必须自立自足，不应等待外部的援助。

基本小知识

卑尔根自然博物馆

博物馆内综合展出植物、动物和地质三个门类的展品。建筑物为 1865 年建成，内有栽培了挪威所有药草的植物园，还收藏了挪威的矿物等。

从格陵兰归国之后，南森立即着手拟定北极探险的计划。他很高兴他具备了在他以前探险家们所不具备的许多知识，尤其是"第一次国际地球极地年"提供给他许多有关水文气象方面的数据。他对自己的计划充满了信心。

而正在这时，南森被一条并不醒目的新闻吸引了：人们在格陵兰东部海

区捞上了一条船的残骸，经鉴定，它正是 5 年前在西伯利亚东海岸被浮冰挤碎的"珍妮特"号。看到这个消息，南森兴奋异常。他认为，既然在东方遇难的船若干年后会在西方出现，那么说明北极的冰层下面一定有一股海流。他联想到在格陵兰之行中的发现：当地人总是到海边捞取巨大的漂木作为建造船和雪橇的材料。这些漂木经一位植物学家鉴定，它们大都是西伯利亚的落叶松。他在格陵兰

以南森命名的南森级护卫舰

的另一个发现是：在海边流动的漂木中有不少是爱斯基摩人用来制作射鸟武器的。这些木片，与格陵兰人使用的木片不一样，完全是阿拉斯加的爱斯基摩人的产品，上面嵌着那一带地区特有的石块。

　　激动不已的南森于是作了一个大胆的设想：北极区存在一股由东向西的海流，而这股海流很可能会经过北极点。他一直幻想着征服北极点，现在只需把自己冻在某块浮冰上，海流就可以把他送到目的地。

　　南森的计划已经明确了：先乘船到西伯利亚海区，即"珍妮特"号遇难的地点，接着让船与浮冰冻结在一块儿，随着海流漂过北极，到达格陵兰东部海区。

　　当时，破冰船还未问世，如何设计一条适宜在冰海世界中航行的探险船成了一个关键的问题。为此，南森苦心钻研，设法使船体能经受巨大的压力，而形状却像瓜子壳一样，当冰层的压力达到一定程度时，船就被挤到冰块上面，而当压力减少时，船又可下降到水中。他将自己设计并制作的船命名为"先锋"号，乘员 12 名，可装载足够 5 年用的燃料和食品。

　　在 1892 年伦敦的地理学年会上，兴致勃勃的南森把他的计划宣读出来后，立即遭到了他意想不到的嘲笑。人们或者认为这是自寻死路，或者认为这是异想天开。但南森并没作补充答辩，便急匆匆回到挪威。

距离北极点只有600千米

1893年6月24日，"先锋"号从奥斯陆扬帆起航。船上有南森自己，船长奥托·斯菲尔德及其他10名精心挑选的队员。"先锋"号绕过挪威北端，向东西伯利亚海驶去。他们来到了勒拿河口的哈巴罗夫村。南森在这里买了35条拉雪橇的狗。8月4日，他们驶离了这个寂静的极地村庄向着喀拉海北进。

不久，"先锋"号就被浮冰包围了，但它并未被冻住，而是继续向北方艰难地行驶，直到北纬78°30′的地方船才停住。这里距离北极点还有1300千米的路程。这时，漫长的极夜已经开始，气温急剧下降。南森已经和外界没有任何联系，眼前是漫漫风雪，茫茫暗夜，而耳边却是大自然的鬼哭狼嚎。每到晚餐的时候，他们围坐在船舱里，喝酒谈笑，烤鹿肉，生活得好像称心如意，其实每个人都惶恐不安，生怕"先锋"号会和"珍妮特"号一样被冰挤扁。

一天，南森等人正在进餐的时候，突然冰裂的巨大响声传来，响声一阵又一阵，隆隆不绝。他们都站着，静候着即将分晓的命运。他们感到自己的身体随着船体升高，最后凝然不动。他们跑上甲板，发现船已经被冰层抬起，稳稳地停在坚冰之上。南森悬挂着的心终于安然落下了。他当初的设计完全正确！现在"先锋"号已与冰冻结在一起。他们现在所需做的，是熬住单调日子的孤寂，让海流把他们带到他们要去的地方。

但是，如此单调难耐的日子使得本来非常活跃的南森也禁不住感到苦闷。幸好，南森绝不是为探险而探险的探险家，他有他的科学事业。在日复一日的单调之中，科学始终忠实地陪伴着他。他随时随地观察风云变幻，测量气温冰温，判别冰块的漂流方向。

南森终于断定：冰和船的漂流方向和风的方向并不一致，而是总和风向呈20°～40°偏角向右漂流，因此，这里确实存在着一股海流！他欣喜若狂，因为他有可能向北漂到北极点。但是遗憾和失望接踵而至。"先锋"号到了北纬84°后，再也不移动半寸。虽然至此为止，还没有一条船能到达这么高的纬度。但是创纪录不是他们主要的兴奋点，他们需要的是到达北极点，在北极点作科学考察。

南森认为"先锋"号不会再向北漂流了，于是他做出了一个出人意料的决定：从这里到北极点只有 600 千米，坐雪橇仅需 50 天便能打个来回，由他和约翰孙来走完这个最后的路程。

◤ 两个人的北极点之行

1895 年 3 月 14 日，船长斯菲尔德带着留守的人站在船边，目送南森和约翰孙远去。他们的眼里都噙着热泪，因为他们不知道，他们现在的频频挥手，是否意味着生离死别。

起初的两三天，南森的行进还算顺利。27 条狗拉着 3 架雪橇，雪橇上载着 2 只小船和他俩，飞速向北极点挺进。但不久，困难就不断地出现。前行的道路高低不平，到处都是冰缝冰裂，要不就是冰丘冰凌。有一次，当他寻思如何过一条深深的冰缝时，约翰孙不慎滑倒，掉进一个冰洞。南森花了整整一天的时间，才把他救了上来。在到达北纬 86°14′ 的位置，距离北极点只有 418 千米的时候，他们却再也无力向前跋涉了。

不过南森并没有放弃再做进一步的努力，他们又继续走了 2 天，才停住了脚步。他们商量一下，决定掉头往南，到附近的法兰士约瑟夫群岛去。但他们实在太累了，睡了一个深深的长觉之后，他们看到腕上的手表都停了，原来他们都忘了给表上发条。这个疏忽使他们的返程更为困难——他们不知道正确的时间，也无法计算自己所处的正确位置，由于他们又很接近北磁极，指南针几乎失去作用，所以根本到不了距离不足 100 千米的法兰士约瑟夫群岛。

他们在冰原上东逛西荡，找不到任何头绪，做了不少最终是枉费的努力。渐渐地，北极的春天来了，薄薄的冰上出现了小水塘，海中的冰也消失了，人、狗、雪橇都得靠艇来渡航。食物逐渐缺乏，饥饿的狗开始啃食任何能吃的东西，有一次，甚至把睡着的约翰孙的皮靴都啃出一个大洞。南森只好把衰弱的狗杀死，将它们的肉给其他狗当食物。

5 月 15 日，约翰孙有点神情恍惚。但南森不动声色，到了晚间，他突然掏出一瓶酒，然后举杯祝贺约翰孙 28 岁的生日，同时用嘶哑的嗓音唱起《生

《日快乐》歌。约翰孙为此感动得大哭起来。他没想到南森在这样困苦的场合还没忘记他的生日，也没想到他会藏着这最后一瓶酒。

到了6月9日，还在到处乱闯的他们，食品彻底吃完。南森只留下3条最强壮的狗，其余的一概杀掉做成肉干。接着天气也开始折磨这两个疲惫至极的人，大风带着雨夹雪漫天遍野袭来，南森的腰疼病又犯了，于是他们停下来休息。几天之后，他们明知道继续行走也是白费精力，但还是抱着侥幸之心迈动沉重的脚步。

海豹常被当成美食而被探险者所捕获

一天，约翰孙突然看到冰上有一只海豹，他不由分说就扑了上去，用牙咬，用刀子扎，杀死了它。做完这些后，他们止不住大笑起来——多少天来没见过成堆的鲜肉了。

拓展阅读

海 豹

海豹，身体粗圆，呈纺锤形，体重20～30千克。全身短毛，背部蓝灰色，腹部乳黄色，带有蓝黑色斑点。头近圆形，眼大而圆，无外耳廓，吻短而宽，上唇触须长而粗硬，呈念珠状。四肢均具5趾，趾间有蹼，形成鳍状肢，具锋利爪。后鳍肢大，向后延伸，尾短小而扁平。毛色随年龄变化：幼年海豹色深，成年海豹色浅。

8月7日，他们进入蔚蓝的海域。他们把两艘小艇连接在一起，撑起一面帆，开始在海上航行。在离开"先锋"号的第122天，他们看到了远处有一个岛屿。这天正好是万里晴空，海上刮的是微微的顺风，没多久，他们便登上了岸。

这是法兰士约瑟夫群岛最北端的一个小岛。快进入9月，夏天即将过去，要想回到"先锋"号是不可能的了，他们得寻找合适的地点，准备越冬。

他们在岛上转了一圈，在一个附近有绝壁的地方建造营地。绝壁挺高，可以挡风，也可以抵御自然的侵袭。周围有许多海鸥，而海豹、海象和鱼类也随处可见，那儿的确是一个不乏新鲜肉食的最佳驻扎场所。

他们的营地其实只是个洞穴，无非在洞穴之上覆盖了几层厚厚的海象皮。为了防水和防风，所有有缝隙的地方都用石块和苔藓来塞住。他们在洞穴里过了第三个可怕的冬天。他们每天轮流一个到外面去寻找食物，另一个负责留守修理洞穴。

🔎 获救回挪威

7个月后，也就是1896年5月19日，他们把小船拖入已经融化的大海，奋力向南划去。接着的两三个星期，灾难也接连不断。他们不仅要与浮冰周旋，还要防范海面上经常冒出的一些被漫长的寒冬饿慌的海兽。有一次，一头海象在他们还未反应过来时，便用大嘴撕走了船边的一块木板，冰凉的海水立刻涌了进来。这时幸好有块浮冰在附近，他们划到那里把漏洞补好。几天后，他们在一个岛屿上登陆。

海　象

这是他们第二次登上陆地，虽然非常兴奋，但是却发生了意外的情况：他们没把船绑好，船就开始漂动了。约翰孙手足无措，只是发疯般地大叫。南森立刻脱掉衣服，跳进临近冰点的海水里。他的举动是以生命救生命——因为小船里有他们全部的生存资源，而他们身上却连一把小刀也没有，失去小船就等于失去生命。

南森真是命不该绝。他抓住了小船，跳了上去，并把船划了回来。

他们登上的是一个大岛。休息了几天，准备向南跋涉。6月16日，正当他们在收拾行装的时候，一群海象从海边扑了上来。他们只来得及抢出最必需的东西，就眼巴巴看着海象群把他们的小舟撕啃得粉碎。

第二天，他们进入了岛的内部地区。这时南森听到了一声狗叫，最初他以为是幻觉。接着他又听到一声，虽然很远，但十分清晰。南森慢慢站了起来，他们最后的 2 条狗早在 1 个月前就杀掉了。怎么现在还有狗叫声？南森痴呆了半晌，这才恍然大悟，附近有人！对，有狗就有人！

"啊，我听到了人的叫声！" 3 年间，南森第一次听到曾经熟悉的声音，他和约翰孙立刻抛下手中的东西，喘着气跑向冰丘的上头。接着他们在遥远的冰原中间，看到黑影在移动。

"那是一个人！"南森一边跑，一边挥动帽子。那人也一样，也不停地挥动帽子。

他们跑近了，这才确定听到了人类的声音，那人说的是英语。原来，那人是英国的探险家杰克孙。过了很久，南森才确信自己获救了。两人打招呼的情景十分感人，彼此都以为这一切都在梦中。

1 个月后，接杰克孙回国的"维因多瓦"号来到了他们所在的岛边。1896 年 8 月 13 日，南森踏上了他离别 3 年的故土。

南森的归国引起了挪威全国的轰动。更巧的是，南森和约翰孙回到挪威后只过了 6 天，1896 年 8 月 20 日，"先锋"号在斯菲尔德的指挥下也安然无恙地返回这里。原来，"先锋"号一直在冰上等待着南森，但它缺少机动能力，只能随冰漂浮。该船曾出现于北极海域北纬 85°55′ 的大西洋一边，那里距离北极点仅 454 千米。后来，"先锋"号折向南方，向斯匹次卑尔根群岛漂流，最后在该群岛北部用炸药破冰而出。这艘船在长达 3 年多的漫长航行中竟然没有损失过一个人，这是航海史上罕见的事。

南森成了深入北极心脏地区的第一人。多次的探测表明，北冰洋里并没有大的陆地，而是一个深深的海盆，而且越往北水越深，至少深达 3700 米。南森也是第一个验证北冰洋存在着由东向西流动的极地海流的人。

对北极中心区的探险

　　威廉·帕里向英国海军部建议组建一个乘雪橇前往北极的探险队，并被批准。1827 年 6 月 21 日，帕里与两个军官分乘两架雪橇出发，沿着一块巨大的冰原向北行进。当他发现那里的冰已经向南漂流，于是他十分满意地指出，他这次的旅行已经刷新了"世界纪录"便返航了。

　　霍尔在人类航海史上首次驶进了林肯海的海域。1872 年 8 月 12 日，他们被漂浮的冰块群推向了史密斯海峡，进入了巴芬湾的北部海区。10 月 16 日晚上，船只沉没。最终 15 人，包括新出生的 4 个小孩生还了下来。

帕里乘雪橇的北极旅行

小威廉·斯科斯比在他所写的《北部猎鲸区的旅行日记》（1823 年）一书里断言，北极周围的海洋覆盖着一层厚厚的冰雪，只有乘雪橇才能行进到达北极极点。他的这段话给威廉·帕里留下了极为深刻的印象。由于帕里在加拿大北极群岛的探险已经取得了一系列重大的发现，当时他已经成了举世闻名的人物了。他向英国海军部建议组建一个乘雪橇前往北极的探险队，这个建议立即就被批准了。这个雪橇探险队把出发地选定在西斯匹次卑尔根岛西部海岸边的一个地点（北纬 78°55′，东经 16°53′）。

> **基本小知识**
>
> ### 威廉·帕里
>
> 威廉·爱德华·帕里（1790~1855）是英国航海家、北极探险家，1790 年 12 月 19 日生于英格兰巴思，著作有《探寻西北航道的航海日志》。

1827 年 6 月 21 日，帕里与两个军官（弗伦西斯·克洛泽耶和詹姆斯·罗斯）带上了够 10 个星期食用的粮食，分乘 2 架雪橇船启程了。他们克服了重重艰难险阻，穿过了浮游在海面上的巨大冰山群。这些人在北纬 81°12′以外的海区，除了看到斯科斯比早先指出的一些不动的冰块外，还看到了大片大片的浮游冰原，而且，冰原与冰原之间还有宽阔的水区。帕里一行继续向北挺进，有时在冰面上行走，有时乘船航行。

6 月 23 日，这些英国人已经走到北纬 82°45′的海区。帕里等人沿着一块巨大的冰原继续向北行进，经过 3 天，他突然发现，那里的冰已经向南漂游，于是他十分满意地指出，他的这次旅行已经刷新了"世界纪录"。这时他调转船头向南航行，于同年 8 月 19 日平安无恙地返回基地，往返共用了 7 个星期的时间。

这是人类史上首次乘雪橇到达北极之行。一些最有见识的北极学者根据帕里的实践做出了一个正确无误的结论：在当时的技术水平条件下，"这种方法也不是唯一能够抵达北极的方法"。尽管如此，半个世纪以后，阿尔贝尔特·马尔盖姆同样用这种方法行进到离北极极点只有 35 海里的地点。

"波利亚里斯" 号航船的漂泊

1852 年，英国人爱德华·英格尔菲尔德受探险家富兰克林遗孀的委托，探察了巴芬湾的北部海区。他把格陵兰岛的西北部约 1000 千米的海岸线标到了地图上，（英格尔菲尔德湾和英格尔菲尔德地）并完成了对史密斯海峡的发现和考察工作。在此之后，他还在那条海峡之外看见了"一条通往北方的宽敞的海道以

拓展阅读

史密斯海峡

史密斯海峡，北冰洋海上通道。在加拿大埃尔斯米尔岛和格陵兰西北部之间，长 88 千米，宽 48～72 千米。北为凯恩湾，南接巴芬湾。夏末通航。

及一片一望无际的海洋，看来，这片海洋上是没有冰雪的"。

次年，即 1853 年，美国人埃利萨·肯特·凯因乘一艘不大的二桅船同样深入到这个海区，但是这艘船在北纬 78°37′ 的凯因海区被冰封冻了，它在那里停留了将近 2 年的时间。在此期间，凯因和他的同伴们在爱斯基摩人向导汉斯·希德里克的协助下，乘雪橇考察了凯因海的沿岸地区。与此同时，希德里克于 1854 年夏季在北部还发现了一条没有冰封的海峡入口。

1860～1861 年，美国医生伊萨克·伊兹拉依尔·海斯（早先是凯因的同伴）与希德里克一起在凯因海区度过了一个严冬，然后伊兹拉依尔在希德里克的帮助下，乘雪橇穿过了人们未曾探索过的肯尼迪海峡，行进到北纬 81°35′ 的海区，并在那里看见了"灰暗的天空和一

北极是一个冰与水的世界

片带着颜色的水区"，也就是说，那里是一片辽阔的水域。海斯至此完全确信，这是一个大海，所以把它称为"辽阔的北极海洋"。

知识小链接

肯尼迪海峡

肯尼迪海峡亦译甘乃迪海峡，北冰洋水道。位于加拿大（西侧）与格陵兰西北部（东侧）之间，宽26～39千米。从克恩海盆向北延伸177千米到达霍尔海盆。其南部有北大西洋通道的巴芬湾，其北部有北冰洋一部分的林肯海。肯尼迪海峡为这两者之间的通道。夏末和秋季有时可通航。1871年美国探险家霍尔首度对该区进行探勘活动。

1871年，查尔兹·弗伦西斯·霍尔带领了一个美国探险队乘"波利亚里斯"号蒸汽航船去探索"辽阔的北极海洋"。他在格陵兰把8个爱斯基摩人带上了船，其中包括希德里克和希德里克的妻子以及3个孩子。霍尔没有费很大的气力就渡过了肯尼迪海峡，并驶进了霍尔海区。他在霍尔海区以外的地方发现了罗布森海峡，穿过罗布森海峡之后，霍尔在人类航海史上首次驶进了林肯海的海域。

"波利亚里斯"号航船在这个新发现的海洋上行进了3天的时间，一直航行到北纬82°11′处遇到坚冰群为止。这是1871年9月4日的事。航船完全可以通过这片坚冰群，但是霍尔受了胆小如鼠的助手的影响（也可能由于他重病在身），调转船头向南驶去了。这些美国人不得不在霍尔海上越冬，在越冬期间，霍尔全身瘫痪，于1871年11月8日病逝。这次越冬基本上是顺利的。1872年夏初，希德里克的妻子生了第四个孩子，人们给这个孩子起了一个名字，叫卡尔·波利亚里斯。

1872年8月12日，周围的冰层刚刚解冻，这艘航船立即起航向南驶去，它刚一穿过肯尼迪海峡，就在凯因海上被向南漂游的冰块群包围了，这个冰块群把"波利亚里斯"号航船推向史密斯海峡，此后航船穿过了这条海峡，进入巴芬湾的北部海区。

同年10月16日夜晚，海上发生了一场猛烈的风暴。在北纬77°35′的海面上，巨浪把这艘船高高抬起，然后把船舷的一侧搁置到一块巨冰上。船员们迅速把两只小船搬到这块巨冰上，人们张皇失措地把衣物、武器和粮食扔到小船上。突然间，这块巨冰裂开了，"波利亚里斯"号连同一部分船员跌入水中，沉没在黑暗的深渊里。冰块上共有 19 个人，其中有 9 个是爱斯基摩人（包括那个新生的婴儿）。

这是一个相当可观的冰原，面积约有 1 平方千米。它不停地向南漂游。冬季来到了，这块巨冰成了这些美国人越冬的安全地点。爱斯基摩人用冻结的冰板在这块巨冰上垒起了几座小屋，使人们能度过这个严冬。食品的储备量并不十分充足，但是爱斯基摩人猎获了一些海豹，因此人们不仅有肉吃，而且还有了烤火的"燃料"，尽管如此，他们还不得不把一条小船劈开当柴烧了。1873 年 4 月，当这块巨冰从巴芬湾穿过台维斯海峡漂向大西洋时，它的边缘冰已经破裂了，因此它的面积较前大为缩小了。

南风刮起了，这块冰已经完全瓦解。19 个人拥挤在一条小船上，但是他们很快在另一块冰上找到了一个救生之地，然而第二块冰同样很快地断裂成碎块了，他们又找到了第三块冰栖身。就这样，他们反复数次，来回折腾。他们的粮食已经耗尽了，又没有燃料，潮湿的衣服一点也不能御寒。然而他们非常幸运，4 月底，一艘捕鲸船在北纬 53°35′的海面上发现了这些濒于死亡的探险者，并把他们搭救到船上。"波利亚里斯"号的这 19 个幸存者在冰海上漂游了 6 个半月的时间，他们的直线行程有 2600 余千米。这些人经历了人间的艰辛和苦难，受尽了难以忍受的惊惶和忧虑，最后的 1 个月，他们还饱尝了饥饿和寒冷的痛苦，但是他们总算活了下来。爱斯基摩人救了这些美国人。4 个小孩，其中包括卡尔·波利亚里斯，身体都很健康。

"波利亚里斯"号的另一部分船员把漂游的一艘船弄到浅滩上，然后，在爱斯基摩人居住过的格陵兰的海岸边搭盖起一间小屋，在此顺利地度过了一个冬天。1873 年 6 月，一艘捕鲸船在北纬 76°附近的海区发现了他们，把他们搭救到船上。

➡ "北极难以到达"

1875 年，英国组建了一个拥有 2 艘航船的庞大的极地探险队。它的领导人是乔治·斯特隆格·纳尔斯，此人曾担任过著名的海洋地理考察船"切尔令杰尔"号的指挥官，具有丰富的航海经验。为了组建这个探险队，英国政府把他从香港召回伦敦。1875年7~8月，纳尔斯的2艘船没有费多大气力就航行到肯尼迪海峡的入口处，并在这条海峡附近的陆岸建起了一个越冬地。纳尔斯乘"阿列尔特"号航船（这艘船的指挥官名叫阿尔贝尔特·格斯丁戈斯·马尔盖姆）于9月1日穿过了罗布森海峡，驶进了林肯海。他们在林肯海上一直航进到北纬82°24′的水区，这是当时人们乘船驶近北极的新纪录。

9月1日这天，"阿列尔特"号航船被冰封冻在埃尔斯米尔岛的东北部海岸边。尽管这里的冬季气温低至−59℃，但是这些探险者却平安地度过了一个严冬。探险队的彼列姆·奥尔德里奇带领了一个雪橇分队向西行进，发现了埃尔斯米尔岛北部长约300千米的海岸线（至阿勒特角）及滨海的切林杰尔山脉，并将这些发现标入地图。向东行进的另一个探险分队发现了许多"陆地"（半岛）和格陵兰北部的一些岛屿，这个探险分队一直行进到纳尔斯之地。这样，他们考察了林肯海的西部和南部沿岸地区，并把它们标入地图。

1876年4月3日，马尔盖姆带领一支庞大的雪橇探险队向北进发，这支探险队乘7架雪橇，乘员有50余人。他们向北推进的速度十分缓慢，因为沿途冰山纵横，积雪甚深（有时他们在厚约1.5米的雪层上前进），加之天气阴沉，气温极低。

5月12日，马尔盖姆行进到北纬83°20′处，这时一个队员死亡了。除了马尔盖姆和奥尔德里奇外，所有的队员都染上了坏血症。马尔盖姆派了一个有病的军官前去"阿列尔特"号航船停泊地报告分队处于困境的情况，这个军官直至6月8日才行进到目的地。纳尔斯带领了一支救援队及时赶到了，他协助分队人员按期返回船上。由于坏血症继续蔓延，又有3个队员死亡。这时，探险队的粮食耗尽，纳尔斯不得不决定后撤。8月，"阿列尔特"号航船克服了重重困难后驶抵肯尼迪海峡，1876年9月底，这两艘船终于回到了爱尔兰。纳尔斯匆忙地做出了一个结论——他在发往伦敦的第一份电报里说："北极难以到达！"

征服北极点

在踏上北进的征途之前，皮尔里已经完成了两次横穿格陵兰冰原的旅行。他决定以自己的实践来证明，地球上任何地方人类都是可以到达的。皮尔里在哥伦比亚角建起了一个大本营，离北极点只有 664.6 千米，他采用爱斯基摩人的方式生活，为北极探险做好准备。

1898 年秋，皮尔里正式开始北极探险了，这是他第一次向北极点冲刺。他表示只要一息尚存，就绝不停止向北极冲锋！

"北极实习"

　　罗伯特·皮尔里，美国人，出生于1856年。虽然最初只是个普通的美国海军军官，但他很早就把征服北极点当作毕生的事业。当他还是一个见习军官时，他便大量阅读有关北极的书籍，并且从不间断地锻炼身体，养成一种自我控制的习惯。为了实现自己攀登北极点的志愿，他很早就开始了精心地准备。一方面，他反复研究前辈探险家的成功经验与失败的教训；另一方面，不论是赤日炎炎的酷暑还是滴水成冰的隆冬，他总是"自找苦吃"地磨炼自己的意志，坚持锻炼身体。他认定，要征服北极点，必须首先获得极地生活的经验，他毅然地选择了一条和南森一样的道路。南森曾把格陵兰当成他的实习基地。皮尔里当时也认为应该在格陵兰锤炼自己的身手和技能。

　　1886年，皮尔里30岁，他到了格陵兰进行他所谓的"北极实习"。他慷慨、豪爽，总是以平等友好的态度对待爱斯基摩人。皮尔里最早的落脚点是格陵兰西部，史密斯海峡东岸的一个爱斯基摩人的部落。这个部落集居在爱赫塔村。他一来就发现这里的人们正处于十分危急的饥荒之中。他立即想方设法搞来了许多食品支援这里的人。于是，爱斯基摩人对皮尔里由敬而远之变得亲密无间了。在史密斯海峡沿岸，皮尔里不仅认识每一个爱斯基摩人，还能叫出他们的名字来。皮尔里和爱斯基摩人成了莫逆之交，常常同他们一起建造独特的冰雪房屋，乘雪橇去狩猎。这个部落的爱斯基摩人从此把他当作亲人，而皮尔里也称这里为他的第二故乡。在此后近20年的北极探险生涯中，皮尔里获得了他们全力的支持。

　　爱斯基摩人勤劳、勇敢而善良，以捕猎为生。他们吃的是海豹、驯鹿、麝牛等兽肉，穿的是兽皮缝制的皮衣裤，燃料和照明也是用动物油脂，住的是独特的冰雪房屋。

　　在爱斯基摩人的帮助下，皮尔里于1892年和1895年先后2次成功地横越了格陵兰的北部冰原。经过这2次试验，皮尔里已羽毛丰满，决定向北极进发。

　　皮尔里回到了美国。通过在格陵兰的长期"实习"，他不仅取得了丰富的冰原生活经验，还成为一个新型的极地探险家。以往的探险家，如亨利·哈得孙及约翰·戴维斯，都极害怕极地可怖的冬季，因此他们只敢在夏季乘船匆匆北进，秋来便惶惶撤退，即使是当时最著名的探险家爱德华·帕里，也只是在冬季挖个洞穴在里面过冬，然后等待春天到来后才开始活动。皮尔里却背离了这个传统。他认定极地的冬天并不可怕，正是探险的最好季节——甚至比夏季更好。因为夏天冰层表面融化，道路坑洼不平，无法驾雪橇行进，而冬天唯一可虑的是严寒，但他觉得这不是大的障碍，只需穿爱斯基摩人的服装和带上足够的食品便能克服。

◑ 首战失利

1898 年秋，皮尔里正式开始了北极探险，这是他第一次向北极点冲刺。临行前，他让妻子替他特地缝制了一面美国国旗，随身带着。他想象不久他便会把这面国旗插上北极点。

皮尔里乘"文德温德"号探险船满怀信心地驶入史密斯海峡，准备驶往北极中心海区。不料天公不作美，那年的浮冰空前密集而又硕大，船无法前进。皮尔里只好在德维尔岬过冬。在此期间，皮尔里建起了第一个补给站，并先后 4 次到离此约 150 海里的富兰克林湾去考察。

在最后一次去富兰克林湾探险的途中，皮尔里突然遭到暴风雨的袭击。他和老战友亨森、外科医生迪德利克以及 3 个爱斯基摩人只好躲进破旧的冰雪房屋中避难。逞凶肆虐的暴风雪一连刮了好几天，他们带的食物吃光了，只好忍痛杀掉心爱的雪橇犬充饥。有一天，暴风雪刚停，皮尔里单独一个人去考察富兰克林当年探险时留下的地窝棚，不料可怕的暴风雪又突然袭来，顿时天昏地暗，刮得他连眼睛都睁不开。皮尔里深知暴风雪的厉害，便拼力摸索着向避难所走去，结果迷路了。他整整转了 2 天，才找到伙伴们。

这次探险的代价太大了，皮尔里的双脚严重冻伤，不得不切掉 7 个坏死了的脚趾。这给他以后的探险和生活带来了许多困难。

冻伤刚好一点，他就步履艰难地向北挺进了。两脚不听使唤，疼痛无情地折磨着皮尔里，他常常摔倒，身体也虚弱不堪，伙伴们只好把他扶上雪橇，送回"文德温德"号船上，劝说他放弃北极探险的计划。皮尔里却坚决不同意，他表示只要一息尚存，就决不停止向北极冲锋！

1899 年秋，"文德温德"号拉响了归国的汽笛，皮尔里却让亨森扶他走下舷梯。他留了下来。船上的船员离岸很远，还看到他站在岸边，那只右手总是揣在怀里。亨森知道，皮尔里摸着的是他妻子缝制的那面国旗。

皮尔里觉得自己无颜回美国，他想到了他的第二故乡。它虽然在极地，但会比南方的故国给他更多的温暖。

果然，他的到来，使爱赫塔村的爱斯基摩人欣喜欲狂，整个小村洋溢着盛大的节日气氛。这些质朴的人们的热情接待，抚平了他心头的创伤。

▶ 该对北极俱乐部有个交代

极地的冬季一结束，皮尔里就要去北方，爱赫塔村派了 5 个爱斯基摩人与他同住。翌年，他们乘雪橇到达了格陵兰的最北端，并发现了一块新陆地，即现在的皮尔里地。当他们行进到北纬 83°30′时，前面出现了冰群连绵的大海，雪橇再也无法前进。于是他们返回了爱赫塔村。

1901 年春，皮尔里再度出发，又再度因失败而折回。

1902 年春，皮尔里离开史密斯海峡来到了赫克尔岬。4 月 21 日，他已挺进到北纬 84°17′。这里冰窟窿四布，冰块之间海水汹涌，他只好返回。8 月间，"文德温德"号由美国驶来，皮尔里随船回到美国，恢复一下疲劳的身体。

皮尔里回到了美国的家里。他的妻子煎着他爱吃的牛肉馅饼迎接了他，但她的脸上并没有更多的欣喜表情。

皮尔里感到非常吃惊。他在北极已经度过了整整 5 个冬天，他没想到妻子会这样对待他。但他疲劳到了极点，于是掏出一直带在身上的国旗，想休息了。哪知他妻子对他说：如果你想在家中睡觉的话，那你得永远不忘记这面国旗。他感动了，他知道妻子对他的期望，而妻子的鼓励使他那颗被苦难冷落的心再一次燃起不甘寂寞的火焰。

不久，有一个更加鼓动人心的消息传来了。北极探险的英雄南森来美国访问，当时美国的第 26 任总统西奥多·罗斯福接待了南森。席间，罗斯福问南森："担任美国北极探险队队长的最佳人选该是谁？"

南森毫不犹豫地回答："罗伯特·皮尔里。"

历史给了皮尔里东山再起的机会，他闻讯后立即组织了北极俱乐部，争取美国政府的支援，并且用他残缺的脚八方奔波，寻求企业集团的资助。

1905 年，皮尔里乘坐特地为他设计制造的"罗斯福"号探险船驶进了史密斯海峡。皮尔里不是科学家，他与南森不同，对科学考察毫不关心。他是以海军军官的身份探险的，他的目的只有一个，就是征服北极点。至于他对风闻的阿蒙森要打开西北通道的探险，更认为是无聊之举，既无商业价值，又无军事意义。

由于所遇到的冰群很少，"罗斯福"号顺利到达了基地。1906 年 4 月 2 日，皮尔里率领探险队向北极进发了。皮尔里的雪橇每天行驶 55 千米，他心里相当高兴，按这样的速度用不了多久便能到达北极点。但是半个月后，一条开阔的冰间河流挡住了他们的去路，皮尔里一行整整等了 6 天，河上才冻起了一座冰桥。他们刚刚走过冰桥，又突然遭到了暴风雪的袭击。在这一望无际的平坦冰原上，他们无处躲藏，只好互相挽起手来和风暴搏斗。

暴风雪刮了 10 天，总算停了，皮尔里外出一看，眼前的景观完全变了，前方途中到处是冰块雪堆，但他依旧下令前进。第一天他们拼尽全力只走了 8 千米，第二天只走了 6 千米。这时皮尔里心里清楚。以这样的速度前进，所携带的食品不可能支持他们到达北极点，他的这次以北极点为目标的探险已无疑失败了。

沮丧的心情又一次笼罩着皮尔里。但他的忠实的黑人朋友亨森悄悄对他说："你该对北极俱乐部有个交代。"

亨森是对的。皮尔里醒悟了。是得有个交代，要对得起资助他大量钱财的北极俱乐部，他得拿出某种说得过去的成就。皮尔里放弃了征服北极点的计划，转向全力突破北进的新纪录。

皮尔里决定让其他探险队员立即返回营地，而他与亨森以及 2 个爱斯基摩人组成小分队，乘坐雪橇，轻装挺进。皮尔里实现了目标。4 月 29 日，他们到达了北纬 87°06′ 的位置，离北极点仅 320 千米。就这样，10 年前南森的纪录被皮尔里刷新了。

这一次，皮尔里虽然没有到达北极。但他已成为到达北极中心地区最近的人了。好心的人们劝这位年已半百的探险家坐享盛誉，不要再去冒险了。皮尔里却壮心不已，又开始了更加缜密的准备工作。

北极点的星条旗

1908年6月6日，"罗斯福"号在纽约港鸣响汽笛。码头上人山人海，旗帜飘扬，歌声震天。在欢送仪式上，那位连任的总统西奥多·罗斯福亲自致辞，发表了热情洋溢的讲话。

皮尔里笔挺地站在船头上，花白的胡子上面透露出视死如归的眼神。他清楚地知道：这次如果不成功就会永远失败了。

他的这次出征确实不同以往，物资装备十分充裕。探险队的21人全经他严格挑选。他几乎剔除了上次探险的全部队员，因为他们曾对他的作风提出过异议。他留下了他的黑人老战友亨森，二十几年来，亨森一直与他患难与共，忠诚可靠。他让英国人鲍伯·巴特利特担任"罗斯福"号的船长。此人精明能干，有丰富的极区航行经验，而且既吃苦耐劳又沉默寡言。

"罗斯福"号再次抵达爱赫塔村。村里的爱斯基摩人一如既往、欢天喜地地迎接了皮尔里。对他们来说，皮尔里是他们所敬重的朋友，但也是对他们要求太多的朋友。在皮尔里漫长的极地探险生涯中，他的这些第二故乡的乡亲对他简直是有求必应。他们以他们独特的、异乎寻常的忍耐力，默默无闻而又忠诚地陪伴皮尔里走遍万里雪原，去实现皮尔里的那个本与他们毫不相关的征服北极点的目标。为此他们甚至不惜牺牲自己的生命。

这次也是同样，他们给皮尔里供应雪橇及雪橇犬，给他的那些探险队员缝制特别能御寒的毛皮衣服，最后他们又站在皮尔里面前，由他在他们中间挑选最强健的人。这些强健的人在行将开始的艰险征途中，担任驾雪橇员、猎手和开路先锋。皮尔里挑选了49个爱斯基摩人加入探险队，带上246只训练有素的雪橇犬，补充了150吨鲸肉和海豹肉。9月5日，"罗斯福"号驶抵离北极只有926千米的谢里登角。第二天，船被严严实实地冰封在港湾里了。

翌年2月22日，皮尔里留下一些人员，组成3个梯队向最后一个出击点——哥伦比亚角前进。前2个梯队打前站，负责探路，修建房屋，好使皮尔里亲自指挥的第三梯队保持旺盛的精力向北极点发起冲击。

3月1日，皮尔里又把一些人员遣回基地。4月1日，巴特利特船长带领最后一批人马撤回基地，参加最后冲锋的只有皮尔里、亨森和3个爱斯基摩人。

　　当时，突击队离北极点还有246千米。在他们前进的路上，他们遇到了一个巨大的冰障，它犬牙交错，高低不平，无法通行。怎么办？凿冰开路！皮尔里带头抡起十字镐凿冰，其他人也都跟着干了起来。费了九牛二虎之力，他们总算开出了一条路，连推带拉地把雪橇运过冰障。不料没走多远，他们又被一条冰间河流挡住了去路。一个爱斯基摩人想出了个新奇的办法：凿冰为筏，他们就地取材，凿下一块巨大的冰块，用它把人员和雪橇运到彼岸。

　　4月5日，皮尔里已到达北纬89°25′处，离北极点只有9千米。在一处冰间河流中，皮尔里放下一根长达2752米的绳子测探，结果还是没探到底。

　　快到北极点了，他们是多么高兴啊。可此时他们的体力消耗太大了，两条腿仿佛有千斤重，一步也迈不动了；眼皮也在不停地"打架"。到4月6日上午10点，他们连滚带爬地才走了4千米多，就连雪橇犬也爬不动了。皮尔里见状，便果断地下令休息，就地造屋，吃饭，又美美地睡了几个小时。

　　待稍微恢复了体力之后，皮尔里一行勇敢地冲向北极点。又走了4千米之后，皮尔里觉得应该到北极点了，便拿出六分仪测定方位。这正是终点，他们终于站在北极点上了！

　　此刻，人类首次登上北极点的英雄们个个热泪盈眶，欣喜若狂，欢呼声响彻云霄，唤醒了沉睡的北极冰原。接着，他们举行了隆重的庆祝仪式，手持美国星条旗、海军联盟旗、队旗、和平旗和红十字旗拍照留念，然后他们又一次互相握手、拥抱，以示祝贺。

六分仪是古代探险家常用的一种仪器

　　皮尔里的北极探险以无可辩驳的事实证明：从格陵兰到北极不存在任何陆地，整个北极都是一片坚冰覆盖着的汪洋大海；由于潮汐和洋流作用，北极中心地带存在着许多窟窿和冰间河流。

　　皮尔里在极地点考察、休息了10个小时后，于4月7日下午4点踏上了归程。经过53天的长途跋涉，皮尔里一行返回哥伦比亚角。不久，他们就又登上了"罗斯福"号。这时，皮尔里才知道巴特利特船长在返回时掉入冰窟

窟，不幸牺牲了。皮尔里和队员们十分悲痛，面向北方默默致哀，怀念他们的忠实伙伴。

皮尔里后来说："我是有些后悔的。当初如果他与我一起，也许不会有这样的结局。可以说，是我害了他，但是为了美国的荣誉，我没有别的选择。"

节外生枝

皮尔里尚未返回美国，就听到了一个使他震惊的消息：1 年前，美国的另一名著名探险家弗雷德里克·科克已经到达了北极点！这一消息犹如晴天霹雳，使皮尔里顿时头晕目眩，他不禁自言自语："这难道是真的?!"

弗雷德里克·科克曾是皮尔里的老同事。和皮尔里一样，他的童年也是在艰苦中度过的。他从小就立志干一番事业。他以艰苦的劳动积攒了进入医科学校必需的学费。他工作以后，对研究北极圈的书籍发生了浓厚的兴趣。后来，他便决心参加彼利组织的第二次北极考察队，他在那里当一名医生，同时还研究人种学。他和皮尔里在格陵兰北部待了一个冬天（1891～1892）。由于他对工作一丝不苟，给皮尔里留下了很好的印象。

1907 年，科克说服了一个有钱朋友资助他对北极进行一次考察。他在到达格陵兰岛的图勒以后，于 1908 年 2 月带领考察队向阿克塞耳——海伯格岛的最北端前进。1908 年 3 月 18 日，科克医生精简了队伍，只留下 2 个爱斯基摩人、2 副雪橇和 20 条狗。就这样，他开始向距离出发点 960 千米的北极进发。他一共走了 35 天，于 1908 年 4 月 21 日到达了目的地。

科克一行经过 12 个月，直到 1909 年的春天，才回到格陵兰。为了保证安全，科克将一批航海仪器和日记留在图勒。他打算以后再把这些东西带回美国。他乘雪橇走了 1200 千米，到了乌佩尼维克，然后经海上到丹麦。途中，他从设得兰群岛一个港口发了一份电报给《纽约先驱报》，日期是 1909 年 9 月 1 日。

皮尔里回国之后，马上找科克澄清事实，双方都说自己是世界上第一个登上北极点的人，皮尔里指责科克以杜撰来欺骗世人，科克则回击皮尔里诬陷好人。两人争论不休，各执一词。

为了弄清到底谁是第一个登上北极点的，有关当局让皮尔里和科克拿出各自的考察资料，请专家们鉴定。但科克推说他在返回途中把大部分资料都丢失了，人们只好到史密斯海峡去找爱斯基摩人调查。曾跟科克一起去北极探险的爱斯基摩人说，他们到达了离间克塞尔伯格岛不远的一个地方，那里离极点还有 900 千米之远。人们拿出科克所著书中的照片，他们一致认定照片上的地方就是那里。

▶ 新的说法

由于科克所提供的材料不足以证明他是第一个涉足北极点的人，这样一来，报界和社会舆论都不再站在他这一边了。科克怀着抑郁的心情离开了美国。

随着科克的失败，皮尔里的地位得到了巩固。他向地理学会提供了自己的考察记录和各种仪器。地理学会做出了支持皮尔里的结论。从此，皮尔里被公认为世界上最先登上北极点的人。12 个国家先后授予他荣誉奖状。皮尔里的一些支持者还筹划了一次会议，通过一项特别法案，认证皮尔里确实到过北极。

与皮尔里的无限风光相比，科克在他生命的最后几年，已是威信扫地，他的名字甚至变得与登上北极点一事毫不相干了。然而，若干年过去之后，研究北极圈的专家开始越来越倾向于"科克是最先发现北极的人"的结论。原来事情是这样的：科克在 1908 年的极地探险报告中首先发现的许多现象，已被当前对北极冰研究的结果和从飞机及卫星上拍摄的照片所证实。

比如，科克曾经描述过，在极地厚积冰层中积冰呈分层状。当时，他自己也没有意识到，他发现了众多"冰岛"中的一个。这些"冰岛"位于埃尔斯米尔岛的大陆架上。航空摄影表明，这些"冰

北极浮冰群

岛"缓慢地按顺时针方向漂浮，其范围恰恰就在科克当年去北极经过的地方。除此以外，科克描绘的北极，没有一寸土地，而只是一片处于永恒运动中的浮冰群。现在，终于真相大白，他那朴实的，然而在当时看来又是极其大胆的描述完全与事实相符。

科克在制定考察路线的时候，就注意到极地浮冰群的方向问题。这个问题是考察格陵兰以北地区的专家们提出的。当然，这些考察后来都以失败而告终了。当时，他们还不知道，在科克经过的地带，极地浮冰群是向西漂浮的。结果，这些浮冰群把科克带到了他预定登陆点以西 150 千米的地方。这样，他偶然发现了海洋学上的一种现象。现在，这一现象被称为"西冰流"。

虽然，科克首先描述的一些自然现象至今还未被完全证实，但是许多科学家已经认为，这些重要的结论足以说明科克是北极点的最先发现者。而科克的信徒们心里想的，主要不是为了确认一个科学真理，而是为了推倒美国国内对科克不公正的评价。他们力图使科克在科学上的功绩获得正式承认。

乘气球去北极探险

　　安德森一直立志要成为到达北极点的第一人。他从以往探险队失败的教训中，认为去北极用船或车都不合适，他决定从空中乘气球飞往北极。他受到了诺贝尔的资助，并在 1896 年 6 月 7 日和斯特林从瑞典坐船出发，在一个名叫丹尼斯的小岛起飞。但由于风向不顺，并且气球出了故障，他们只好在冰面上迫降，过后不久便失去了踪迹。直到 1930 年 8 月，人们才发现他们的遗物和尸体。

新的设想

　　几个世纪以来，除了规模较大的有组织的探险队以外，还有不少"散兵游勇"以各种途径前往极地。他们没有明显的旗帜，也不作大肆地声张，他们大都是些默默无闻的人，他们不是为生计，而纯粹是出于兴趣，踏上了极地的险恶的征途。苏罗门·安德森就是其中的一位。

　　安德森于 1854 年生于瑞典的格拉那。早在中学时代他就对航空发生了浓厚的兴趣。后来他在美国留学期间，又认真学习了气球飞行的知识。回国后，他在皇家专利局工作，很快就被提升为工程师。不过，安德森却认为，专利局的工作不过是为了生计，并非他的事业。他的事业是去北极探险。北极，这个荒凉神秘的地方，与许多有关地理学、气象学、海洋学、生物学、天文学的问题紧密相连。可当时人们对北极了解甚少，甚至还不清楚它到底是陆地还是海洋。

　　在 19 世纪，西方列强都希望北极是海洋，因为这样一来就能找到一条连接太平洋和大西洋的航线，从而大大缩短绕经好望角的航线。为此，西方各国就不断地派出探险队前往北极，但都被冰雪阻挡或围困。北极的奥秘深深地吸引了安德森，他立志要成为到达北极点的第一人。

基本小知识

好望角

　　好望角位于大西洋和印度洋的汇合处，强劲的西风急流掀起的惊涛骇浪常年不断。这里除风暴为害外，还常常有"杀人浪"出现。这种海浪前部犹如悬崖峭壁，后部则像缓缓的山坡，波高一般有 15～20 米，在冬季频繁出现，还不时加上极地风引起的旋转浪。当这两种海浪叠加在一起时，情况就更加恶劣。而且这里还有一股很强的沿岸流，当浪与流相遇时，整个海面如同开锅似的翻滚，航行到这里的船舶往往遭难，因此，这里成为世界上最危险的航海地段。

　　从以往各探险队失败的教训中，安德森认为去北极用船或车都不合适，那么，能不能从空中去呢？他决定从空中乘气球飞往北极。

1897 年，当时各方面条件都很差。然而，安德森的探险计划仍独具魅力。特别是这项计划带有神奇的冒险色彩。探险队要征服"昏睡"的北极。而在当时还没有很多有关北极探险的经验，也没有专门供探险用的船队。他们只有 3 个人，而且所携带的装备简单到不能再简单。北冰洋洋面上的景象是可怕的：到处都是坑坑洼洼，还有大窟窿、水、冰块、雪墙和雪雾等。探险人行动艰难，雪橇和狗经常陷入雪坑中。在那里，每挪动几步都是一次远征。如果使用气球的话，那就完全是另一回事了，那就会像散步一样轻松，只要能在空中飘荡，能拍照和能让气球前进就行。

只是有一个条件：要使气球绝对安全可靠。在这方面可是一点也不能含糊。安德森热衷于这次远行，他很乐观。在普法战争期间，人们就曾利用气球完成过不少英勇的壮举。例如，在 1870 年 11 月 24 日，一个气球从巴黎北站飞起，14 小时后就到达奥斯陆。因此，乘气球探险并不是不可实现的。更何况富有经验的安德森还利用了 2 项精巧的发明：一是差不多有 1 吨重的用椰子纤维做成的巨大缆绳。把它们从气球上垂下去使之拖曳在洋面上或大块浮冰上，就可以防止气球飞得太高，并能减慢它的前进速度。二就是一种固定在这些缆绳上的帆，可以用它来操纵气球。如果风不是直接往北吹的话，就可以利用这种帆来调整气球的航向。

气球常被西方人用来探险

🔍 准备出发

为了制定一个切实可行的精密计划，安德森从法国买了一只小型气球，单人试飞了 9 次。试飞中他发现，单独一个人去北极是不现实的，至少得 2

人，最好是 3 人。于是，他邀请好友斯特林伯克一同前往。斯特林伯克是个物理学家，也是个摄影爱好者，他欣然接受了安德森的邀请。

现在最急需的是经费。瑞典化学家诺贝尔了解到安德森的想法后，慷慨解囊，先赠给他 1000 英镑，1 周后又增加到 3600 英镑，瑞典国王奥斯卡二世也赐给他 1660 英镑，安德森很快就有了足够的资金。

他专程到巴黎定做了一只直径为 20.5 米的气球，气囊采用最好的中国丝织品制成，涂上橡胶，以防雪和雾的袭击。1896 年 6 月 7 日，安德森和斯特林伯克带着气球和一切必用品，乘船从瑞典哥德堡出发，前往斯匹次卑尔根群岛西北的一个名叫丹尼斯的小岛，然后从那里起飞前往北极。不料到了丹尼斯岛后，风向一直不顺。而等到风顺时，斯匹次卑尔根群岛一带已是雪花飞舞的冬

诺贝尔像

天，无法前往北极了。安德森只好把充了气的气球留在丹尼斯岛，自己回到瑞典，等到来年春再起飞。安德森仍在专利局上班，而斯特林伯克又到实验室搞他的研究。

第二年 5 月 18 日，安德森和斯特林伯克再次出发到丹尼斯岛。这次他们增加了一个旅伴：富林格。他是个工程师，也是个气球迷。瑞典国王奥斯卡二世派了一艘军用破冰船"斯文恩诺特"号把他们送到丹尼斯岛。出航前，不少人劝安德森打消乘气球去北极的念头，还有人直言不讳地说，他们这次探险成功与否的标志并不是能否到达北极点，而是能否活着回来。

面对这些冷嘲热讽，安德森的决心没有动摇，他到了丹尼斯岛后，气候和风向还是一直不利于飞行。直到 7 月 11 日，安德森才做出起飞的决定，他们与"斯文恩诺特"号上的水手一一告别，安德森从拥抱中挣脱出来，转身问他的两个同伴："准备好了吗？"他的同伴坚定地点点头，三人就一同走向气球的吊篮，把沙袋扔出，然后割断缆绳，气球猛地动了一下，很快升向空

中。就这样，他们的北极探险开始了。

▶ 意外失踪

他们飞行的第二天，气球就出了故障。为了使气球保持在特定的高度上飞行，他们在吊篮下面系了一根长长的绳索，以测量气球距离地面的高度。谁知这根绳索没有系牢，从中间断开了。气球由于失去了一定的重量，就越升越高，他们无法知道气球的高度。前方是一片茫茫大雾，天气越来越冷，气球上的每件东西都是湿漉漉的，水珠很快就结成了冰。

7月14日，在他们飞行了65个小时之后，由于气球内氢气温度降低，气球飞得越来越低。在这种情况下继续飞行是不可能了，安德森就打开气球的阀门，让气球慢慢地降落到一片空旷的冰块上。

这时，安德森估计他们离开出发地约500千米。现在他们唯一能做的，就是在冰上朝东南步行300多千米，到约瑟夫岛去，那里他们能得到紧急物资供应。他们把吊篮内的东西全部卸下，装到带来的雪橇上。1周后，他们开始了令人望而生畏的冰上旅行。北极气候严寒，狂风怒吼，风雪交加，冰块不时碎裂，他们还得不停地拖着沉重的雪橇。有时，他们就在浮冰上安营，然后随冰漂流，直到浮冰碎裂。富林格得了胃病，还严重腹泻，安德森就用吗啡给他止痛。

2个多月后，他们在斯匹次卑尔根以东的白岛登岸，并搭起帐篷，准备等严冬过后再继续艰苦的旅程。

然而，从此他们就失去了踪影。

5天之后，一艘挪威船的船长在巴伦支海打下了一只信鸽，发现它的脚上拴了一封信，信的署名是安德森，他报告气球已经迫降，希望人们去救援他们。瑞典政府获悉后，派出了雪橇队和船只，但没发现他们的踪迹。

1899年和1900年，人们在挪威沿岸几次发现漂流瓶，瓶里有安德森的求援信。安德森显然不是地理学家，他没标明他遇险地点的方位。

从那之后，人们再也没获得他们的任何消息。他们似乎消失在北极的茫茫冰海之中了。

◆ 发现遗骨

1930 年夏天，法国的气候恶劣，气温极低。但是，北极却出现前所未有的好天气。在北冰洋周围的土地上，气温高达 15℃，地面甚至出现了一些花草。

对渔民来说，这可是捕鱼的大好时机，通常被大块浮冰堵塞的北极海峡解冻了，船只可以安全地通过海峡。由于从来没有船队来过，因此海象得以大量繁殖。同时，由于这些海象从来没有被捕捉过，所以特别容易上钩。但对小海豹来说，这简直是一个讨厌的夏季。

挪威小型拖网渔船"布拉特沃格"号在斯匹次卑尔根群岛东北洋面上捕捞了大量的猎物。1930 年 8 月 5 日 23 点，这条船在布朗什岛抛锚靠岸。

船刚刚停稳，一群海象就围了上来。船上的渔民即刻展开了一场富有成果的围猎。他们很快就捕获了一只大海象，随后将它带到海滩，割成碎块，割取油厂收购的海象的脂肪。在北极灼热的阳光下，这是一项使人精疲力竭的艰苦工作。为了消除疲劳，两名水手前往邻近的河边取水。

斯堪的纳维亚半岛

斯堪的纳维亚半岛位于欧洲西北角，是欧洲最大的半岛，也是世界第五大半岛。它北起巴伦支海，东濒波罗的海，南临卡特加特海峡和斯卡格拉克湾，西傍挪威海和北海。南北长 1850 千米，东西宽 400～700 千米，面积约 75 万平方千米。主要为块状山构成，为古波罗地盾的一部分。半岛西部属山地，西部沿岸陡峭，多岛屿和峡湾；东、南部地势较平整，半岛的气候属温带气候，其北端严寒。

在那儿，他们发现一条冻在冰层中的小船。船员们立刻进入战斗准备，并且搜索了这条小船，找到一个完整无损的煤油灯，还有盘子、餐具、斧头、渔叉、猎枪、铁钩、双筒望远镜、一只罗盘和几座钟。总之，有北极探险所需的各种必备用品。他们还发现人的尸体：先后在冰层中找到 3 具尸体。在他们的口袋中，完好地保存着他们的记事本和观测日记。首要的新发现是照相机和 1897 年拍下的胶片，所有的底片都完好无损：在布朗什岛找到 192 张底片，其中 50 张底片可以提供一些大致清晰的图像。

现在，因为同时发现了安德森探险队的遗物和他们的尸体，所以"布拉特沃格"号的船长立即决定缩短围猎期。9 月 1 日，这条船回到挪威，发现安德森探险队殉难者尸体的消息立即传遍斯堪的纳维亚半岛。

消息传到瑞典后，瑞典全国沸腾了。瑞典国王立即派当初送安德森出发的"斯文恩诺特"号破冰船，由一艘大型军舰护航，到挪威去把安德森等人的遗骨和遗物运回瑞典。当这两艘船完成任务，驶抵哥德堡时，全城的教堂钟声齐鸣，码头上十几万人摇动着旗帜和火把，迎接安德森等人的遗骨，真可谓盛况空前。

关于三人的死因，当时曾有种种猜测。很明显，斯特林伯克先去世，因为他的骨架是在两块岩石间发现的，上面还堆着一些乱石。这说明他是被同伴们埋葬在那里的。

安德森和富林格的骨架在帐篷内并排躺着，没有被埋葬过的任何迹象。看来，他们几乎是同时去世的。

如果说是饿死的，则有些难以令人信服，因为帐篷里还有不少没开过盖的食品罐头。此外，他们还有枪支和弹药。即使食品吃光了，他们还可以猎取极地动物来充饥。

从他们临死时裹着用破碎气球缝制的衣服来看，冻死的可能性是很大的。也有人提出他们是在绝望中服用过量的吗啡致死，但这找不到证据。

1952 年，一位丹麦牙科医生在仔细地阅读安德森的日记时，注意到他们在行走的路上都有不同程度的胃痛、腹泻和肌肉痉挛症状。这些症状说明他们得了旋毛虫病。旋毛虫常潜伏在北极熊体内，人吃了没有煮熟的北极熊肉，就容易得这种疾病。据安德森的日记记载，他们都吃了没有煮熟的北极熊肉。

第一个只身到达北极点的人

　　1978 年 1 月 30 日，植村直己从日本羽田机场飞往温哥华。3 月 15 日，他从加拿大埃尔明米尔岛最北端的阿累尔特的"极光基地"出发，带着 17 条雪橇犬只身前往北极点。在路上，他遇过北极熊，踏过雪地和浮冰块。期间不断有狗因为争抢配偶和食物或者因为恶劣的天气原因而受伤。最终，他成功了，成为第一个只身到达北极点的人。

极地遇熊

1978 年 1 月 30 日，植村直己从日本羽田机场飞往温哥华。于 2 月下旬到达前进基地——加拿大埃尔明米尔岛最北端的阿累尔特"极光基地"。在这里，他进行出发前的最后准备工作。

3 月 15 日，天空晴朗如洗，也没有风，只是奇冷，气温达到 -51℃。植村直己怀着兴奋的心情，早晨 4 点半就起了床，6 点半飞离基地，1 小时后就到了哥伦比亚角。这里是北纬 83°6′、西经 71°8′，距离北极 766 千米。

北极霸主——北极熊

下午 3 点，植村直己乘坐雪橇，和 17 条雪橇犬一起，踏上乱冰块，开始了向北极的远征。

最初的几天，严寒的气候，怒吼的西风，再加上到处都是乱冰块，使植村直己进展异常缓慢，整个探险比原计划往后推迟了 2 个星期。

3 月 9 日凌晨，劳累了一天的植村直己刚躺下休息，就被一阵狗叫声吵醒了。这是危险的信号，因为在北极，很少有什么东西能使雪橇犬害怕。如果有，那就是北极熊！

果然，植村直己正要拉睡袋的拉链，就听到了沉重而拖拉的脚步声。紧接着，粗大的喘气声也传到耳中，果然是北极熊。想跑已经是来不及了，因为他的睡袋是两层的，躺进去身子就无法动弹了，北极熊近在咫尺，连拉拉链的时间都没有了。拿枪打也不可能，因为来福枪虽然伸手可及，但没装子弹！更糟糕的是，在出发前他一次也没有检查过枪支，瞄准器也没校准过，能否打得响还很难说。而此时熊已开始撕咬雪橇上的狗食箱子和鲸油桶了！

浑身冒汗的植村直己急中生智，索性躺在睡袋里装死，一动也不动，或许熊不会发现他。他心中默默祈祷：但愿半只海豹肉，一桶鲸油，还有 10 天的干粮能填饱它的肚子。

　　谁知，吃饱喝足的北极熊并没有离去，而是转向帐篷。它那巨大的熊爪撕扯着薄薄的尼龙篷布，又用鼻子抵住帐篷，拼命摇晃起来。植村直己感觉它的鼻子已经顶到了他的身上，清楚地听到了响亮的呼噜呼噜声。在这生死关头，他拼命屏住气。谁知这样一来，他的呼吸声反而更大了！憋气可不是件容易的事，到了一定的时候，还得进行深呼吸。由于身子全在睡袋里，一呼吸登山夹克就沙沙作响。如果这要是叫熊听见了，那可就全完了！

　　幸运的是，北极熊拱了一阵，就转身走了。当植村直己听到它那沉重的脚步声渐渐远去，终于消失在一片寂静之中时，他深深地舒了一口气：得救了！

　　他立即爬起来，一把抓过枪，装好子弹，走出帐篷。北极熊正在百米外的乱冰堆中缓缓而行。他开了一枪，没有打中。北极熊就在这枪声中逃掉了。

　　第二天，当他正在帐篷中取暖时，狗又叫了起来。植村直己一跃而起，拿枪冲出帐篷，不远处乱冰堆中，北极熊正在蹒跚地走来。显然，这家伙昨天尝到了甜头，今天又来了。植村直己瞄准它开了一枪，这个比小牛犊还要大的家伙站起来摇晃了几下，哀嚎着倒下了。植村直己追过去又打了几枪，把它打死了。

　　植村直己把熊拖回帐篷进行肢解，把新鲜的熊肉犒劳他的狗，因为在这茫茫风雪之中，狗是他唯一的伴侣，何况弄到它们又并非容易啊。

　　不过，好在一场危险过去了。根据加拿大的法律，植村直己把这次射杀事件报告给了野生生物管理局，并交上熊的上颌骨，进行年龄鉴定。

◣ 冰原前行

　　北冰洋是个令人望而生畏的地区。这里似乎没有一块冰面是平坦的。植村直己不得不用铁棒凿冰前进，有时干上几个小时，只能前进几百米。狂风和严寒无情地袭来，他的下巴和鼻子都冻伤了，手也冻得失去知觉，不听使唤了。

　　狗的情况也不妙，它们的爪子有的被冰弄断了，有的在争夺食物或母狗时弄伤了。疼痛使它们睡觉时不是蜷缩一团，而是伸开四肢，所以，暴露在外的伤口又被冻坏了。有四条狗冻伤得特别厉害，不能再拉雪橇了。

到 3 月 16 日，又出现了一个新问题。在一段平坦的冰面上，出现了一条冰道，足有 50 米宽。植村直己只好停下来，等候水道结冰合拢。渐渐地，冰缝终于缩小到 1 米多宽了，他用力赶着狗队，终于跨过了这个水道。可是有 5 条狗落水了，它们奋力爬上冰面，湿漉漉的皮毛立刻就结成了冰条。

直到 3 月 26 日，前进才顺利些。但又出现了新情况：乱冰堆没有了，积雪却很厚，狗跪在软绵绵的雪地里，就像游泳一样，平伸着前爪，高昂着头，很费力气。

在这种情况下前进，不用说是很艰难的。植村直己每天只能睡 5 ~ 6 小时，一天下来，累得他摇摇晃晃的。有时他一钻进帐篷，就倒头大睡起来。

4 月 1 日，飞机进行第二次补给，给他运来了一个小巧轻便的雪橇，替换了 2 条冻伤的狗，还送来了食物——干肉饼、狗食、冻海豹肉和驯鹿肉、饼干、糖、鲸油、盐、咖啡和果酱。植村直己每天都是和狗同时吃饭，即一天下来才吃一次，而且总是吃生的，抹上油的驯鹿肉营养丰富，味道很好，再加上一杯雪水，就是他的饭食了。他很少有时间烹调，要是在帐篷里烧饭，蒸汽凝结在篷顶上，那可就麻烦了。

极地中为狗接生

在向极地进军的征途中，植村直己并非孑然一身，和他在一起的，还有他的 17 条雪橇犬。他很喜欢这些忠实的伴侣，它们也各不相同，各有各的脾气。比如，有一条狗总是往左边拉，另一条又总是居于正中，第三条呢，则总是往右拉。有一条狗，你不用鞭子抽它，它会汪汪叫个不停，而另一条狗则正好相反，无论你怎样抽打，它也不肯叫一声。还有一条狗特别会看主人的脸色，你只要一拿起鞭子，它就拼命向前拉。更有意思的是，有两条狗一边向前跑，一边侧着脑袋看着主人向主人表功。

和这些可爱又勇敢的狗在一起，植村直己一点儿也不感到寂寞、孤独。有意思的是，他还发现名叫雪罗的狗怀孕了。这对于这个集体来说，无疑是件大事。他从来没有给狗接生过，真不知道到分娩时该怎么办。在这绝无人迹的冰海雪原中，想找接生婆是完全不可能的。

4 月 9 日夜，在踏上北极征途的第 36 天，雪罗开始分娩了。它躲在帐篷外面，生下了 1 对小狗。可是残酷的一幕却随之发生了。植村直己还没有来得及跑到雪罗的跟前，这两只刚刚出世的小狗就被别的狗给吃掉了！他不得不把雪罗抱进帐篷。它又生下了 4 只小狗，有 1 只死了，其余的 3 只连滚带爬地叫出了它们出世后的第一声"咪、咪"声。植村直己小心地把它们裹在暖和的驯鹿皮里，尽一个助产婆的职责，耐心地侍候着雪罗母子。

第三天夜里，多产的雪罗又生下 3 只小狗，但只活了 2 只。活下来的 5 只小狗又有 1 只钻出了鹿皮，在北极的寒风中冻死了。

4 月 14 日，补给飞机来了。它给植村直己带来了新的补给品和 9 条健壮的狗，他把雪罗和那 4 只出世才几天、眼睛还未睁开的小狗等 16 条狗装上飞机运回去。植村直己看着离去的飞机，长出一口气。因为他很感谢这些狗，它们拖着雪橇，离开哥伦比亚角，在 40 天里走了 400 多千米艰难的里程。它们已出色地完成了任务。而且，诞生在极地的 4 条新的小生命，终于能活着飞离极地。为此，他感到十分宽慰。

🧭 逃离 "冰岛"

4 月 12 日，植村直己出发不久，就遇到了一个宽约 5 米的冰裂。他折向别处寻找通道，终于找到了一段较窄的水道。但由于他给那些狗和大得出奇的冰障拍了几张照片耽误了时间，等他再来到选好的地点时，裂缝已经加大了 1 倍，过不去了！

这样的经历，以前也有过。有一次雪橇和狗突然陷入冰缝里，幸亏植村直己当时走在雪橇旁边，否则，他早就溺水在冰水之中了。

直到 17 日中午，天气才稍有好转，但雪却覆盖了一切，掩盖着刚结成的薄冰。狗队不止一次从冰雪中突围出来，植村直己也几次陷入没膝深的冰雪中。

这还不算，冰裂声彻夜不停，到处都有冰裂，周围全是大块大块的浮冰。它们互不相连，随波逐流，相互摩擦碰撞。植村直己所在的浮冰就在这流冰中穿行，变得越来越小。到 18 日傍晚，这个小冰岛只有两三百米宽了。

劳累一天的植村直己刚刚搭好帐篷，就听见一声巨响，一条巨大的裂缝出现在距离帐篷一二十米的地方。于是，这个小小的冰岛就只有原来的 1/3

大小了。留在原地只能是等死。植村直己开始寻找更大的浮冰。这时，一块高达 7 米的浮冰漂来，在他身旁发生雷鸣般的响声，翻倒在水中。过了一会儿，它的另一头又露出了水面。

时间就是生命！另一条大裂缝又出现在比上一条更近的地方，冰岛刹时就变成了一个狭窄的长条。植村直己站在这个小冰块上，急得浑身冒汗。马上跟基地联系，发出 SOS 呼救信号已来不及了！这里离基地有 400 多千米，即使飞机立即飞来，恐怕也赶不上了，那时他很可能已经葬身在海水之中了。

正当他紧张地思考的时候，一个漩涡把小冰块卷走，推向另一块冰块。这个冰块看起来很大，好像一块坚固的陆地似的。植村直己认为这是唯一的逃生机会，不能错过。狗虽然大多是新来的，还不大熟悉主人，也不很了解主人的意图，但逃生的愿望却使他操起铁棒，高举过头，狠命地砸向挽绳，嘴里狂呼乱叫着。受惊的狗队拖着雪橇，猛地向那块浮冰跑去。最后终于又躲过了一劫。

到达极点

4 月 26 日，飞机进行了最后一次空投补给。这里离极点只有 100 千米左右了，向极点的最后冲刺开始了。

1 个多星期以来，极地的太阳总是昼夜 24 小时地照耀着他们，北极的夏天到了。他们就在这阳光下赶路和休息。昼夜的概念在极地是不存在的，植村直己把自己的身体作为时钟：累了就停下来，休息好了就再上路。

到 4 月 29 日晚上，兴奋的植村直己难以入睡。帐篷在极地午夜的阳光照耀下，熠熠发光。他凝视着睡袋，却没有钻进去。他感到有一股冲力，驱使他不要睡觉，继续前进，冲向极地。

第二天，植村直己怀着必胜的信心，坚定地踏上了征途。狗似乎理解主人的心情，使出了惊人的力量，雪橇飞速向前。经过 12 个小时的奋斗，在格林威治时间下午 6 时 30 分，植村直己停了下来。他估计已经到达了北极点，于是便进行仔细观测。他知道，方向上的错误曾经困扰过那些到过极地的旅行者，所以他用了一整天的时间来进行观测。每隔几小时，他就观测一次，而多次观测的结果，他确信这里就是北极点，这就是说，他已站在了地球的顶端了。

　　到达北极，这是他多年来的梦想，而今天终于实现了！胜利的喜悦使得他激动不已，他和他的狗拥抱在一起，陶醉在兴奋之中。

　　由于这里是北极圈磁场干扰带，因此他无法同基地进行无线电通信联系，无法报告他到达极点的消息。但接他返回的飞机机组人员重新进行的测量，美国第6号气象卫星的观测，都确认无疑地证明了，他是人类第一个只身到达北极点的人。

基本小知识

气象卫星

　　气象卫星是从太空对地球及其大气层进行气象观测的人造地球卫星。卫星所载各种气象遥感器，可接收和测量地球及其大气层的可见光、红外和微波辐射，并将其转换成电信号传送给地面站。地面站将卫星传来的电信号复原，绘制成各种云层、地表和海面图片，再经进一步处理和计算，得出各种气象资料。

库克与南极大陆

　　在库克之前，就有过对南极大陆的猜想和探索，其中，以英国的德雷克，荷兰的威廉·杨孙，西班牙的托雷斯等人为代表。库克，1728年10月27日出生在英国北约克郡的一个贫苦农民家庭，小时候的求学和学徒经历使他十分憧憬海洋。他有幸到一艘帆船上当学徒，从此便开始了他的航海生涯。1768年7月30日，库克驾着一艘三桅帆船"持久"号出发去寻找南方的未知大陆。但两次航行，他都没有发现南极洲大陆。

库克之前的南极探险先驱

产生于公元前 2 世纪的南方"未知大陆"存在的假想，具有强大的生命力，它在人类地理发现史上起过巨大的作用。

15 世纪后半期帆船制造业和航海技术取得的巨大成就，使得人们进行海上远航成为可能。因此，南方"未知大陆"的假想尽管早在公元前 2 世纪就产生了，但人们直到这时才有可能去探索。

1520 年 11 月麦哲伦探险队发现篝火通明的火地岛和 1544 年 7 月雷切斯发现黑人居住的新几内亚之后，人们似乎证明了南方"未知大陆"存在的假想。西班牙人企图穿过太平洋南部水域，组织了一系列探险队，从秘鲁出发，到太平洋南部探索"未知大陆"。

麦哲伦

基本小知识

新几内亚岛

新几内亚岛是太平洋第一大岛屿和世界第二大岛（仅次于格陵兰），位于太平洋西部，澳大利亚北部。

1567 年 1 月，明达尼亚率探险队从秘鲁去太平洋进行探索。次年 2 月 7 日他发现了一片陆地，看到有黑人村庄，他认为是在"未知大陆"上发现了奥菲尔之地。

1578 年，英国女王伊丽莎白派遣弗朗西斯·德雷克去寻找南方大陆。德雷克原是海盗，他勇敢、慓悍，是个无所畏惧的人物。1 月 12 日，他指挥他的船队——"金鹿"号、"玛利方特"号、"伊丽莎白"号驶离了普利茅斯港。1 个月后，他们便来到了麦哲伦海峡。

知识小链接

麦哲伦海峡

　　麦哲伦海峡是南美洲大陆南端同火地岛等岛屿之间的海峡（西经71°0′，南纬54°0′）。因航海家麦哲伦于1520年首先由此通过进入太平洋，故得名。峡湾曲折，长563千米，最窄处宽仅3千多米。是沟通南大西洋和南太平洋的通道。风大流急，航行困难。

　　这是英国人第一次来到这里，所有的船员都异常兴奋。德雷克命令张灯结彩，鸣放礼炮。船只循着海峡迂回曲折地前进。9月6日，他们驶出海峡。正当他们弹冠相庆时，猛烈的风暴呼啸而来。强风夹着雨水、冰雹和浓雾，海面掀起大山般的巨浪，使船只顿时失去了控制。不久，"玛利方特"号被大海吞没了，"伊丽莎白"号侥幸地驶回了海峡，而旗舰"金鹿"号则被吹得无影无踪。

　　风暴持续了1个多月。"伊丽莎白"号始终找不到其他船只，于是船长温特判断，其他船已葬身鱼腹，因而决定放弃远征，掉头返航。

　　但"金鹿"号并未沉没，这一叶孤舟一直在大浪里挣扎，被狂风吹向南方。到10月28日，暴风雨骤然停息之后，船上的人发觉"金鹿"号已来到一群稀稀落落的岛屿，而在岛屿的南方则伸展着无边无际的汪洋大海。

"金鹿"号

　　面对着辽阔的大海，德雷克立刻意识到，这是个巨大的发现。因为自麦哲伦以来，人们一直以为海峡南面的火地岛是延伸到南方大陆的一部分。而目前的事实表明，它只不过是一群岛屿而已。这些岛屿是南部美洲的最南端，再往南并无陆地，只有大西洋和太平洋的海水在此汇合。

　　德雷克召集了船员，向他们宣布他的判断，并预言了传说中的澳斯特拉利斯地是不存在的。但他很谨慎，想了一下后又补充了一句：如果它真的存在，也一定是在寒冷的地平线外很南的地方。

德雷克登上海岸扑倒在土地上，亲吻着岩石，然后对部下说："我们已来到了世界上已知陆地的最南端，并且比世界上任何人都走得更南。"

接着他下令"金鹿"号向北航行。他想寻找美洲北端的大西洋和太平洋会合点。但3个星期后，极度的寒冷和浓密的大雾严重阻碍着他们，而且海岸似乎不断向西北延伸，好像一直通往亚洲。当他看到从北涌来的浮冰之后，他才让"金鹿"号掉头往南，在气候宜人的海岸边休整。这时，他的头脑里又闪现环球航行的想法，他就毫不犹豫地驾船向西驶去……经菲律宾，穿马六甲海峡，渡印度洋，绕好望角，过佛得角群岛。1580年9月26日，他们终于回到了出发时的港口——普利茅斯。这样，他们在海上度过了2年10个月。

基本小知识

马六甲海峡

马六甲海峡是位于马来半岛与苏门答腊岛之间的海峡。马六甲海峡呈东南—西北走向。它的西北端通印度洋的安达曼海，东南端连接南中国海。海峡全长约1080千米，西北部最宽达370千米，东南部最窄处只有37千米，是连接沟通太平洋与印度洋的国际水道。

英国女王伊丽莎白为表彰德雷克的功绩，赐予他一把镀金的宝剑，并破格封海盗出身的他为爵士。而人们为了纪念他的发现，把南美南端与南极半岛之间的通道称为"德雷克海峡"。

荷兰人对澳大利亚的发现作出了重大的贡献。1605年11月，荷兰东印度公司派遣威廉·杨孙乘航船"捷菲根"号朝"未知大陆"方向挺进。这个人的名字在发现史册上是以"扬茨"出现的。扬茨沿澳大利亚海岸线

拓展阅读

普利茅斯

普利茅斯，位于英国英格兰西南区域德文郡，面积79.29平方千米，人口246100，人口密度3085每平方千米。普利茅斯是英格兰的单一管理区、城市，东北310千米达英国首都伦敦，东北58千米达德文郡郡治埃克塞特。

一直航行到南纬14°，1606年6月抵达一个海角。扬茨认为，新几内亚是"未知大陆"北部的一个半岛，而南部则可能一直伸延到南极地带。当然他不知道西班牙人托雷斯以自己航行实践业已证明了新几内亚仅是一个海岛。扬茨航行后的十几年里，荷兰的许多资本家在前往巴达维亚或离开这座城市的航途中，接连不断地发现了新荷兰（澳大利亚）的北部、西部和南部大部分沿岸地带。

1605年12月，基洛斯指挥3艘帆船从秘鲁出发，沿南纬20°线航行，发现了土阿莫土群岛和"千真万确的未知大陆"。他杜撰了一系列报告，花言巧语地吹嘘新发现的"未知大陆"，但实际上，他发现的是新赫布里底群岛。

拓展阅读

《鲁滨孙漂流记》

《鲁滨孙漂流记》是一本由丹尼尔·笛福59岁时所著的第一部小说，于1719年4月25日首次出版。这本小说被认为是第一本用英文以日记形式写成的小说。

英国的罗德任尔·布德斯，在1708～1711年领导了一次半军事半海盗式的探险，尽管他没做出任何地理发现，但撰写的《1708～1711年的环球航行》一书却引人入胜。书里有这样一个故事：一个名叫塞尔盖尔克的水兵，在一个荒无人烟的海岛上，只身一人度过4年零4个月的漫长岁月。事情的原委是，塞尔盖尔克在1704年与船长发生口角，被送到人烟绝迹的胡安—费尔南德斯岛上。1709年，当布德斯把他救出来时，他身上穿的是野山羊皮。他与世隔绝之后变成了一个野人，几乎连话也不会说了。作家丹尼尔·笛福在这本书的强烈影响下，创作了一本举世闻名的长篇小说——《鲁滨孙漂流记》。

英国海盗威廉·丹皮尔进行了多次航海冒险，地理发现成就卓著。1688年年初，他驾船航抵南纬16°31′的澳大利亚的西北部，登上海岸并深入到腹地考察，但他无法确认新发现的是一个海岛，还是一片大陆。后来，他航行到印度尼西亚，于1691年回到伦敦，从而完成了一次伟大的环球航行。1697年出版了他编写的《新的环球航行记》，使这位海盗一跃成了受人尊敬的作家。

荷兰西印度公司在1721年派出了一支强大的探险队，去寻找南方"未知大陆",罗赫文担任3艘船的指挥官。1722年初,罗赫文绕过合恩角朝西北方向航进,他在离智利海岸约278千米的洋面上发现一个多山孤岛,他把这个岛命名为复活节岛。

法国为了在热带海洋进行殖民扩张,于1766年组织了一个探险队,布干维尔被任命为探险队队长。他从圣马洛起航,经过麦哲伦海峡驶入太平洋,到过萨摩亚群岛,绕过新几内亚东南部时,发现了由许多珊瑚岛和小海岛组成的群岛,他命名为路易西亚德群岛,以纪念法国国王路易十五。布干维尔还发现了所罗门群岛的2个大岛。9月,布干维尔航抵巴达维亚,后又转航到毛里求斯,绕过好望角驶入大西洋,于1769年2月回国,从而结束了法国的首次环球航行。布干维尔著的《1766～1769年的环球航行》一书随后出版,并被译成多种文字,广为发行。

立志探险

詹姆斯·库克,1728年10月27日出生于英国北约克郡的一个贫苦农民家庭。库克排行第九。在他刚刚7岁的时候,就开始和父亲一起当雇工。13岁时,因上不起正规学堂,父亲托人情,送他到附近的一位女家庭教师那里就读。

在女教师的启蒙下,库克认字、做作文和学算术。他最喜欢的课程是算术,而且经常提出一些稀奇古怪的问题请教师解答。教师很喜欢聪明好学的库克,每逢放学后,经常把他留下来,给他讲一些算术题,有时也讲一些天文地理和海洋探险故

库 克

事,例如哥伦布发现新大陆、麦哲伦环球航海等,这使幼小的库克非常着迷。

库克17岁时,家境的贫穷使他不得不辍学,跟一个商人当学徒,期限为4年。这个商人住在惠特彼港区沿岸的村子里,库克在这里第一次看到了大海。大西洋壮观的美景,深深地吸引着库克。在学徒期间,由于与老板发生

了争执，他学了 1 年半就离开了这个商人的店铺，来到惠特彼镇谋生。他有幸到一艘帆船上当学徒，期限为 3 年。这艘帆船定期从英国的东北海岸纽卡斯尔出发向伦敦运送煤炭。从此，库克开始了他的航海生涯。2 年以后，船主把库克调到另一艘船上工作，那也是一艘运煤船。航船对库克来说，好像是一个奇怪而复杂的庞然大物，从那个时候起，他对运煤船所具有的特性非常赞赏。

库克在船上当学徒期间，不仅到过不列颠的各大港口，而且还航行至荷兰和挪威，使他大开眼界。3 年学徒期满后，库克给另一个老板当了 2 年水手。他航行到过波罗的海各个港口，也到过彼得堡。1752 年，原先的那个老板请他担任一艘船的大副，库克接受了邀请，在那艘船上一直干到 1755 年。

在英国和法国为争夺北美殖民地的"七年战争"初期，库克认为商业航海不能实现他的雄心壮志，决定辞去大副的职务，志愿报名参加英国海军舰队。库克被编入希尤·帕利赛尔指挥的一艘战舰，当了个二等水兵。由于库克在各方面表现出他是一个富有经验的海员，帕利赛尔舰长对他倍加重视。3年后，在舰长的再三推荐下，库克被提升为"索尔贝"号舰的舰长，后又调任"彭布洛克"号舰的舰长。

当"七年战争"打得不可开交时，库克奉命率军舰去加拿大的圣劳伦斯河流域执行抗击法国人的军事任务。库克在加拿大成功地完成了圣劳伦斯河自魁北克至河口航道的测量任务，并绘制成准确的地图。为了躲避法国人的炮火攻击，库克只能在夜间工作，随时面临着可能被打死，或落入法国人的同盟者——印第安人之手的危险。

英国皇家海军根据库克的测量结果，先派兵攻占了路易斯堡，后进攻魁北克，从而使英国人获得了在加拿大的这次军事行动的最后胜利。库克担任舰长的那艘船，在哈利法克斯湾停泊了整整一个冬天。当时，库克刚 30 岁出头，这是他有生以来第一次得到的一点空暇。于是，他利用一切机会进行学习，以弥补自己知识的不足。他学习了几何学和天文学知识。尽管教科书很差，又没有教师指导，但他用心钻研，刻苦攻读，终于掌握了这两门功课。

"七年战争"结束后，库克向皇家海军打报告，要求专门进行海洋探险。不久，他的愿望得到了满足。1762 年秋，他指挥纵帆船"格伦维勒"号到纽芬兰，专门对那里的海岸带进行调查。这项任务他完成得很出色，使纽芬兰总督赞不绝口，并再次委托他全面考察纽芬兰至拉布拉多的新航道。1766 年，库克根据考察结果，在皇家学会作了纽芬兰的日照、植物生长和人类居住情况的专题报告，引起了轰动，使他成为当时有影响的人物之一。

寻找 "未知大陆"

1768 年，皇家科学院决定到南太平洋塔希提岛进行金星运行情况的观测，要求海军部派船执行这次任务。观测金星运行，只不过是一种借口，其真正的目的和具体目标是要发现南方大陆，然后把这块新大陆归并于不列颠帝国。皇家科学院没有资金，无力派出探险队，而资金雄厚的海军部，从未把探险队的任务仅仅局限于纯粹天文观测的狭窄范围里。

基本小知识

金 星

金星是太阳系中八大行星之一，按离太阳由近及远的次序是第二颗。公转周期是 224.71 地球日。夜空中亮度仅次于月球，排第二。金星要在日出稍前或者日落稍后才能达到亮度最大。黎明前它出现在东方天空，被称为"启明"；黄昏后出现在西方天空，则被称为"长庚"。

当时，英国已经控制了大西洋的主要航道，并在印度洋占有牢固的阵地，然而英国人的对手——法国人，并不认为自己已在海洋上最后失败，他们认为太平洋还是个空白，其南部水域可能存在一片辽阔的陆地——南方"未知大陆"。1766 年，法国人布干维尔率探险队进入太平洋，这使英国政府大为震惊。因此，英国海军部的首要任务是阻止其他海上强国占领那块新陆地，并在太平洋的主要航道上设置英国据点或基地，以便确立不列颠帝国在太平洋上的控制权。

海军部很清楚，为了发现南部海洋上的陆地，并加以正式占领，新派出的探险队领导人必须是一位富有经验的海军航海家。在许多有影响人物的建议下，库克这位出身贫贱，40 岁才晋升到中尉军衔的人担当了这次远航的指挥官。

1768 年 7 月 30 日，库克亲自选中的一艘三桅帆船"持久"号载着几名学

广角镜

三桅帆船

　　它的船体结构更加合理，有三根桅，能利用65°角以内的风行驶，能装载大量生活必需品，可以在海上连续待上数月，甚至可以环绕地球航行。三桅帆船的出现，改变了西方在造船技术上落后于东方的历史，也改变了西方在世界贸易中的地位，随后进行的"地理大发现"都和这种帆船及航海新技术密不可分。在航海家和造船家的心目中，三桅帆船的构造几近完美。

者驶出了泰晤士河口。该船重370吨，配有船员84名，22门大炮。经过8个月的航行，"持久"号到达了塔希提岛。他们从1769年6月3日起，对金星进行了1个月的观察，观测到金星经过日的视面时的全部金相。天文考察结束后，库克按照指令开始在塔希提岛以南的南纬35°～40°的海面上探寻南方大陆。

　　南太平洋的秋天，气候非常恶劣，"持久"号经常处在大风浪之中。到达南纬40°后，眼前仍是茫茫大海，没有任何陆地的影子。10月7日，库克决定转舵向西航行，次日，他们在南纬39°31′、东经177°附近驶进一块地图上未曾标出的陆地。而实际上，早在1642年，法国探险家塔斯曼就发现了这块陆地——新西兰，但他当时未弄清这个岛的真实情况，误认为是南方"未知大陆"的北部海角。库克和他的军官与同行学者，经过长时间的激烈争论后，勉勉强强地取得了一致意见，认为他们所发现的这块陆地，就是南方"未知大陆"。

　　1769年11月15日，库克庄严地宣布，这块陆地属于不列颠的领地。从11月18日至1770年3月27日，库克的航船先后抵达"新陆地"的北端、南端，从而证实了新西兰地区并不是南方"未知大陆"的一个突出角。

　　弄清新西兰的真面目后，在强烈的探险欲望支配下，库克决定在修船之前到新荷兰（现在的澳大利亚）进行考察。1770年4月21日，"持久"号到达塔斯马尼亚的东南角，然后转向北航行。为了避风，库克把船锚泊在巴塔尼湾，并准备登岸寻找补给品。由于当地土著居民对白人怀有戒心，用棍棒和刀箭来迎接他们，库克只好沿新荷兰东北海岸航行。6月22日穿过澳大利亚东岸附近的大堡礁的危险航区时，船在南纬16°处触上一个暗礁，他们不得不潜入海底，炸掉暗礁，同时抛掉了6门大炮和一批物资，这才避免了一场船毁人亡的灾难的发生。他们在出事地点北面不远处，找到一个港湾（现在的库克港），在那里停泊了几个星期，以修复船被暗礁撞穿的漏洞。

从 8 月 4 日起，"持久"号再次长途航行，路经约克角时，库克在这个海岛上升起了英国国旗，正式宣布自南纬 10°～38°他们所发现的地区为英国领地，并称之为新南威尔士。

1771 年 1 月 15 日，"持久"号在爪哇岛附近停泊，船上痢疾和疟疾流行，已夺走了 30 余人的性命。其中包括天文学家格林、随船医生和水手长。7 月12 日，库克回到英国，终于完成了持续近 3 年的第一次环球航行。回国后，库克将这次航海中获得的稀有动物、植物，如袋鼠等，向社会介绍，轰动一时。鉴于这些功绩，库克被晋升为中校。

三次穿越南极圈

库克的首次环球航行证实，新西兰并不是南方"未知大陆"的组成部分。为了寻找"未知大陆"和完成其他一些任务，贪婪的英国政府又派出了以库克为总指挥的第二个探险队。海军部提供了 2 艘独桅船，一艘名为"决心"号，由库克亲自指挥，另一艘为"冒险"号，由托拜厄斯·弗尔诺指挥。1772 年 7 月 13 日，两船驶离利茅斯港奔赴南大洋。12 月 10 日，库克在南纬50°40′附近的海面上，首次看到了漂浮的冰块。此后，他又遇到一大片浮冰。这时，库克不得不绕道而行，以便尽快深入到极地附近。然而，风雪交加，浓雾弥漫，航船在冰山之间迂回航行。海浪奔腾翻滚，好像要把整个航船吞没。巨大的海浪高高隆起，有时甚至盖过了这些冰山。

12 月 13 日，"决心"号到达 1739 年法国人布维特发现一个海岛（布维特认为该岛是"未知大陆"的北端）的纬度线上。为了查证这到底是一个海岛，还是"未知大陆"的边陲，1773 年 1 月 1 日，库克西航至布维特描述的地方，但他既没看到海岛，也没发现存在大陆的任何迹象。这时，库克怀疑布维特是否真的看到了那块陆地，也许仅是一个周围环绕着不坚实冰的巨大冰岛。于是，他掉转船头向南驶去。

1773 年 1 月 17 日中午，库克的航船在东经 39°35′附近海面上穿过了南极圈，这是人类历史上第一次越过南极圈的航行。由于船遇到了坚冰，库克找不到任何可向南航进的通道，不得不暂时后退。

2月8日，天空晴朗无云，但浓雾迷蒙，结果两艘船走散了。库克在这一海区漂游了两天，也没等到"冒险"号，就掉转船头向东南方向驶去，一直到2月26日，到达南纬61°21′，东经97°的海域。由于坚冰阻拦，库克向北撤退。他在南纬58°～70°的海域一直徘徊航行到3月17日，才决定径直向新西兰行进。

3月26日，库克指挥的"决心"号航抵新西兰南海岸的达斯基－萨翁德湾（为了纪念库克的航船在这里停泊过，该海湾被命名为决心湾）抛锚休整。"决心"号在驶离好望角后的117天的航程中，未发现任何一点陆地的迹象。到5月11日，"决心"号驶出达斯基－萨翁德湾。5个星期后，在查罗塔女王海峡（现在的库克海峡）与在这里等候了5个星期的弗尔诺指挥的"冒险"号会合了。

6～7月，探险队考察了新西兰以东至西经133°30′、南纬39°～47°的海域，没有发现任何陆地。9月上旬，探险队访问了社会群岛后向汤加群岛行进途中，路经一个由为数极多的珊瑚岛组成的群岛，礁石和浅滩把这些珊瑚岛屿连成一片，上面无人居住。这个很小的群岛与库克群岛（南部）遥遥相望。10月7日，航船到达汤加，不久，又启程向新西

你知道吗

库克海峡

库克海峡位于新西兰南岛和北岛之间，因英国航海家詹姆斯·库克曾到此考察而得名。海峡南北长205千米，东西宽23～144千米，水深71～457米，平均水深128米。海峡沟通了南太平洋与塔斯曼海，是海上交通和贸易的重要航道。

汤加地区风光

兰驶去。10月30日，因强劲海风的阻拦，两船在库克海峡东部入口处再次走散。此后，两船再未会合，直到返回英国。

11月26日，库克离开新西兰海岸，向南和偏东南行进。12月18日，大雪纷飞，浓雾笼罩，库克再次越过了南极圈。12月23日，库克在南纬67°20′、西经137°20′的海域遇到了一条不可逾越的

冰障，再加上伸手不见五指的浓雾，他决定暂时停下来。这时，库克命令"决心"号暂向北退到南纬47°51′处。不久，库克又向南挺进，1774年1月26日，他在西经109°31′处第三次进入南极圈。到1月30日，库克航行到南纬71°10′、西经106°54′附近的海区，即后来被命名为阿蒙森海的海域。这是当时最南航行的纪录，在以后的60年间未曾被打破。这里距离南极大陆最近的一个突出角（阿蒙海海边的捷尔斯敦半岛）只有200千米了，但是，他却功亏一篑，在此望而却步，最终放弃了马上就要成功的伟大发现。

知识小链接

阿蒙森海

阿蒙森海是南极洲的边缘海，南太平洋的一部分。位于南纬71°50′~73°10′、西经100°50′~123°。海域面积9.8万平方千米，终年结冰，水深585米。

◆ 否定 "未知大陆" 的存在

库克转舵向北航行，途经复活节岛、马克萨斯群岛、土阿莫土群岛、塔希提岛。在前往汤加群岛途中，发现了有人居住的海岛，称之为萨维兹岛（意为野蛮岛），当地人称它为纽埃岛。库克之所以称该岛为野蛮岛，是因为这个岛上的居民与英国人相遇时手执武器。然而，岛上的居民未曾伤害过任何人，英国人却向他们开枪射击。离开汤加群岛后，库克前往新赫布里底群岛。他在这个群岛南部发现了一些新的岛屿，其中包括该群岛的大岛——塔纳岛。英国人与用棍棒为武器的塔纳岛土著人发生了一场冲突，经过一段时间后，他们与土著人的关系得以缓和。

8月31日，库克环绕圣埃斯皮里图岛航行一周，该岛是新赫布里底群岛北部的一个大岛。这样，库克完成了对这个群岛各岛屿的全部"发现"工作。

11月10日，"决心"号离开新西兰的科拉贝尔港，再次起航朝东南方向行驶，一直行进到南纬55°的海区，然后又径直向南驶去。在南纬53°~56°横穿太平洋，考察了火地岛，并有一些新的发现被标在海图上，例如基尔贝尔特岛（以"决心"号船的舵手命名）、库克湾和克里斯马斯海峡等。

1775年1月16日，库克在西经38°30′附近找到西班牙人1756年发现的，英国人亚历山大、达尔斯普尔到过的一片陆地。次日，库克登岸并竖起了一面不列颠国旗，宣布它为不列颠的领地，并以英国国王的名字把它命名为南乔治亚岛。这是一片未经人们开拓的自然条件异常严酷的陆地。经过绕行一周的考察，库克确认它是一个不大的岛屿。他在朝东南方向眺望时，看到了一片陆地。

1月23日，库克驾船驶向这片"陆地"，然而他新发现的只是一些岩石小岛，于是，他把这些小岛称之为克拉克岩石岛群。

1月28日，船抵达南纬60°4′、西经29°23′处，库克遇到了大量漂游的"冰岛"，船无法前进了，只好转头朝北航行。3天后，他看到了一条海岸，岸边雄伟的高峰直插云端，上面覆盖着白皑皑的冰雪。经过察看，库克认为，他所发现的海岸线或许是一个岛群，或许是南方"未知大陆"的边陲，所以他把这片陆地称为桑威奇地，其最北端位于南纬57°，最南端位于南纬59°13′。库克把最南端称为南图勒，因为这是人们发现的最南面的一片陆地。他在2月6日还未探测完桑威奇地就已假想这片陆地可能是南方"未知大陆"的一个突出角。

短促的南极夏季快要结束了，于是库克调整航向朝东北方向航行，经开普敦，于1775年7月29日回到英国，结束了为期3年零17天的第二次环球航行。

库克在《南极与环球航行》一书中，自豪地对他的南极航行做了这样的总结："我在高纬度绕过了南半球的海洋，以此方式完成了这次航行，因此绝对否认那里有存在大陆的任何可能性，即使大陆可能存在，那也只不过是靠近极地的无法到达的地方……南极大陆的探索就此暂告结束，尽管这个大陆200余年来始终为一些海上列强所注视，并一直是地理学家最喜欢讨论的对象……我不想否认，在靠近极地可能有大陆或陆地存在，恰恰相反，我坚信，那里有这样的陆地，而且我们已经看到了它的一部分（桑威奇地）……它只能是全部被冰雪所覆盖的极寒之地，那里没有禽兽的良好栖身之处，更没有一点阳光和温暖……至于更靠南的陆地是什么样子，就可想而知了……如果有人在解决这个问题上企图表现自己的决心和毅力，深入到南方比我更远的地方，我将不妒忌他的发现，这不会给世界带来丝毫利益。"

库克在该书中还断言："南方可能存在的那些陆地，永远也不会为人们所考察和得知。"

孤岛上结束了一生

库克由于探险考察成就卓著，被英国皇家学会正式接纳为会员，并荣获"科普利"金质奖章；同时，皇家海军晋升他为上校舰长。

库克的第三次航行主要目的在于寻找北部航道。1779年1月16日，库克发现了夏威夷群岛中的最大岛屿——夏威夷岛。这个大岛位于北纬20°线以南。根据库克的日记和他的同伴们的回忆材料，夏威夷的居民把库克当作神一样来崇拜。他刚走上岸，许多土著人就向他叩拜，然后跟在他身后爬行。祭司们郑重其事地把库克领进神庙，并把他介绍给其他偶像神。库克亲吻了

美丽的夏威夷就是库克结束一生的地方

一下偶像神，并同意土著人在他的身上涂馥郁的香油和戴上鲜花编织的帽子。1个月的时间里，这种仪式举行了多次。然而，对土著人来说，伺候夏威夷岛上的这位"新神"要比"老神"难得多，因为库克要求更多的东西和贡品来

养活他的船员们。

知识小链接

夏威夷岛

夏威夷岛是北太平洋夏威夷群岛中最大的岛，为美国夏威夷州的一部分。面积10458平方千米，呈马鞍形，多火山。南面有冒纳罗亚火山，海拔4176米；北面有冒纳开亚火山，海拔4205米。冒纳罗亚火山口直径达5千米，常有熔岩喷出，是世界著名的活火山之一。

2月13日，船上的一件东西被偷，由此引起了英国人和土著人的冲突。一个英国士兵用船桨向土著人的一个酋长头部猛击，那个酋长当即昏迷不醒。这时，一群土著人向这个士兵扔石头表示抗议，但当酋长清醒过来后，立即制止了这种贸然行动。当天夜里，一些土著人抢走了探险队的一只小艇以示警告，但库克认为这冒犯了白种人的尊严，于是下令抢走了土著人停泊在港湾里的全部船只。次日早晨，库克带了10人登上海岸，逮捕了老酋长及其儿子们，把他们带到一条小船上。此时，船员们开枪射击一只正在撤离的土著人的小船，并打死了一名酋长。成群结队的土著人丢下自己的妻子儿女，携带着弓箭和石块，紧跟酋长准备随时进行战斗。库克开枪打死了一个土著人，英国军官用枪托打死第二个人，库克接着又击毙第三个土著人。这时，土著人一拥而上，把库克一伙团团围住，双方展开了一场激战。库克当场被打死，一些船员也被打死打伤。就这样，这位航海探险家在远离祖国的孤岛上结束了他的一生，当时他年仅52岁。

第一个发现南极大陆之争

英国的威廉·史密斯在1819年2月19日发现了南设得兰群岛。而1820年，美国的帕尔默驾驶着"英雄"号出发，在一片陆地上发现了南极大陆。而之后由于浓雾迷失方向，他们竟然在海上碰到了俄国的南极考察船。时隔一百年之后，谁第一个发现南极大陆却成了悬案：今天大多数的美国的南极研究者认为，功绩属于帕尔默；但俄罗斯的学者却确定，别林斯高晋的航海日志表明，他已经记载了南极半岛；至于英国，则坚信首先发现权应属于布兰斯菲尔德，因为他在1820年曾绘制过南设得兰群岛的地图。

英国人发现南设得兰群岛

威廉·史密斯，1790 年 10 月 11 日出生于英国的锡顿斯卢斯。1812 年，史密斯开始担任"威廉斯"号的船长。此后几年，他一直跑南美航线，装卸货物。

1819 年 1 月中旬，"威廉斯"号离开阿根廷的布宜诺斯艾利斯，驶往智利的瓦尔帕莱索。船经过福克兰群岛后，史密斯碰上了逆风，使他不可能绕过合恩角。德雷克海峡令人生畏，一般的船长，由于害怕冰的威胁，尽量避免向南走得太远。史密斯曾在格陵兰捕鲸行业中干过，因此，他不太害怕冰。他的船坚持向南，然后向西，在高纬度海区中行驶。

你知道吗

布宜诺斯艾利斯

布宜诺斯艾利斯，是阿根廷最大城市，首都和政治、经济、文化中心，素有"南美巴黎"的美誉。它东临拉普拉塔河，对岸为乌拉圭（东方）共和国，西靠有"世界粮仓"之称的潘帕斯大草原，风景秀美，气候宜人。

1819 年 2 月 19 日拂晓，史密斯在南纬大约 62°处见到了南设得兰群岛。史密斯在他的航海日志中写道："19 日早上 7 时，发现了陆地或冰，方位东南偏东，距离 11 ~ 16 千米，从西南方向吹来烈风，并伴有雪或雨夹雪。"

南设得兰群岛风光

威廉斯角

因为当时正刮着烈风，史密斯机智地向北行驶。20 日上午，风减弱，能见度较好。史密斯驾船向南，沿南偏东方向向陆地行驶。中午时分，他的位置在南纬 62°17′、西经 60°12′，其南偏东方向有一突出的陆角，距离约 22 千米。

靠近海岸时，史密斯见到海岸附近有许多岩石、浅滩，于是，他改变了航向。

由于担心大风再来，他不敢再靠近了。于是，史密斯张开船上所有的风帆，向北驶向智利的海港瓦尔帕莱索。

◆ 再访南设得兰群岛

1819 年 9 月底，"威廉斯"号从蒙得维的亚起航。第四天，史密斯驶过了合恩角。因为他想再次去新发现的大陆，于是就朝东南方向行驶。这天下午 6 时，他到达与 2 月 19 日的位置差不多的地方。他看见该陆地的方位是东南偏东，距离约 16 千米。他向该陆地驶去，当群岛处于东偏南方位、距离 7 千米时，他测得的水深为 730 米，底质是黑色的细沙。

知识小链接

合 恩 角

智利南部合恩岛上的陆峭岬角。位于南美洲最南端，以 1616 年绕过此角的荷兰航海家斯豪滕的出生地命名。距此西北 56 千米的奥斯特岛的假合恩角，有时被误认为合恩角。合恩角洋面波涛汹涌，航行危险。终年强风不断，气候寒冷。

第二天早晨，史密斯再次向该岛行驶。天气十分晴朗，史密斯见到了方位为东南东，距离群岛 16 千米的大陆。该大陆从合恩角开始沿北和东方向自然地向东伸展。他派大副和船员乘一艘小艇登岸。在岸上，他们竖起一块牌子，上面刻有英国国旗的图案和一段文字。船员们欢呼雀跃，庆祝以大不列颠国王的名义占有了该岛。起初，这块大陆被命名为"新南大不列颠"，后来有人提出，这个名称可能与其他地方的名称混淆，为此，史密斯将它改称为南设得兰群岛。

南设得兰群岛

南设得兰群岛是南极海的一组群岛，位于南极半岛以北约 120 千米。根据 1959 年签订的《南极条约》，该群岛的主权不被缔约国承认或争议，而开放给各国作非军事用途。

史密斯在他的备忘录中说，该地非常高，被雪覆盖着。在船的周围，有大量的海豹、鲸和企鹅等。

在沿着乔治王岛、纳尔孙岛、罗伯特岛和格林威治岛向西和向南航行过程中，史密斯一直盯着海岸。不久，他就发现，这是一群岛屿，而不是大陆。

史密斯沿海岸航行了 277 千米，10 月 18 日，他看到另一个海角，比他见到过的陆地高得多。这是史密斯岛，高 2280 米，当时他命名它为"史密斯角"，其经、纬度是南纬 62°53′、西经 63°40′，而在迈尔斯的海图上，该岛向东南延伸约 45 海里，向西南延伸约 55 千米。实际上，该岛的长度不足 37 千米。

至此，史密斯认为，他已经勘测了 463 千米长的海岸（实际上不足 296 千米），他的目标已经达到。因此，他决定返航，并于 1819 年 11 月 24 日回到了瓦尔帕莱索港。

知识小链接

瓦尔帕莱索岛

瓦尔帕莱索大区是智利的第五大区，位于智利中部，土地面积为 16378.2 平方千米，占智利全国领土总面积的 2.2%。区内重要的河流有阿空加瓜河、佩托尔卡河、拉利瓜河。素有"智利门户"之称。

➡️ 进一步的发现

从 1819 年 12 月 19 日至 1820 年 4 月 15 日，史密斯和爱德华·布兰斯菲尔德进行了一次南极航行。

1819 年 12 月 19 日，史密斯和布兰斯菲尔德看到了利文斯顿岛上的希莱夫角的陆地，然后向西南西方向行驶了 46 千米，再掉转船头，沿从北福兰角到梅尔维尔角的新设得兰北海岸航行，一直到利文斯顿岛上的巴纳德岛。因此，他们几乎绕这个岛群的大部分走了一圈。然后，"威廉斯"号向南航行，见到了迪塞普申岛，但没有仔细考察。

1820 年 1 月 30 日，他们见到了陶尔岛，高 330 米，后面是高达 1980 米的格雷厄姆地的特里尼蒂半岛的大陆。布兰斯菲尔德的海图上把它称为"部分被雪覆盖着的特里尼蒂地"。然后，船向南和东绕过陶尔岛，他们注意到沿岸有一些岩石。

他们继续向东航行，在航线以南的靠陆一侧，他们在海图上标为"被雪覆盖的高山"。他们指的是近 830 米高的布兰斯菲尔德山。

在此后向北的 111～130 千米的航程中，他们没有什么发现。

他们继续向北，见到了象岛，该岛的西北海岸很危险，因为其周围有锡尔岛和许多暗礁。他们在象岛的北海岸外测得水深

海中象岛

为 327 米。然后，他们沿克拉伦斯岛的东海岸，一直航行到该岛南端的鲍尔斯角。

此后，他们向东一直航行到西经 50°，近 2 月底，又向南航行到南纬 64°46′。他们再没有发现新的陆地。1820 年 4 月 15 日，他们回到了瓦尔帕莱索港。

帕尔默的雾海奇遇

纳撒尼尔·帕尔默于1800年出生于美国康涅狄格州的斯托宁顿。他的父亲是一个造船工。帕尔默的航海生涯始于美英战争时期，当时他仅12岁，在一艘船上干活，一直到1814年战争结束。然后，他受雇于新英格兰的沿岸贸易公司。19岁时，他成了一艘斯库纳纵帆船的船长。

几个月后，当谢菲尔德船长率领"赫西利亚"号船驶向南设得兰群岛时，年轻的帕尔默担任二副，尽管在此之前他从未在深海中航行过。这次航行长达10个月，从1819年7月至1820年5月21日。

1820年，帕尔默受命指挥"英雄"号单桅纵帆船，作为"赫西利亚"号的供应船。整个船队共8艘船，航行的目的地还是南设得兰群岛。这次航行延续了10个月。

帕尔默有一颗充满幻想的头脑。他离开美国时以高价买了一份世界地图。他仔细端详南方的一片未知地方，并且相当自信地对人说："那里不仅有海豹，而且还有黄金。"但遭到了周围人的嘲讽。于是帕尔默就在人们的嘲笑声中兴致勃勃地驶向南方，但是严峻的气候使他很快清醒了头脑。不要说黄金，连海豹都没见到几只。他的"英雄"号船在茫茫的大洋中徒劳地游逛了近1个月，几乎一无所获。

一个月黑风高的深夜，他突然惊呼起来，命令船员加速向南行驶，因为上帝在梦中对他说：前面有个大的海豹猎场。

船员们对他的怪异行为早就习以为常，在哄笑一阵之后，扬帆急行。淡淡的晨雾中出现一片模糊的黑影。帕尔默大喊："海豹，海豹！"

船离黑影越来越近了，但帕尔默顿时目瞪口呆了，因为那些黑影根本不是成群的海豹，而是一片荒凉无比的陆地。

船员们大失所望，但帕尔默的黄金梦在他的脑袋里复活了。他兴奋异常，让船靠岸登陆。他在冰雪之中挖掘了几天，只刨出几块普普通通的石头。船员们再也忍无可忍了，大吵大嚷要求返航。帕尔默答应了，但提出，在返航之前上岛的最高端遥望一下。

船员们默默地跟随在他后面费力地爬上一座高峰。帕尔默举起单筒望远镜环顾着四周的海洋。当镜筒朝向南方时，他失声叫了起来："啊哈，那里就是埋藏黄金的地方。"

单筒望远镜从他手里传给将信将疑的船员们，他们大吃一惊，因为在镜筒里出现一片连绵逶迤的山岳地带，并且有着更厚的冰层和更苍凉的景色。帕尔默哈哈大笑："我们到那儿去宣布该地属美国所有，政府不就会给我们黄金了吗？这不是比猎杀海豹更能发财吗？"

船员们再次听从了帕尔默的指挥。他们登船起锚，并且把一面皱巴巴的美国国旗洗净熨平，准备举行仪式时使用。

这时，浓雾从南边的海面上飘来，"英雄"号立刻不辨东西，只好随风漂泊。浓雾弥漫了半个多月，船也不知到了什么地方。有一天，急不可耐的帕尔默无意之中拉响了汽笛，岂知在浓雾中传来了回音，他认为前面就是陆地了，让船员们做好登岸的准备。接着他又拉响了汽笛，果然又传来了回音，他们抛锚停航，等待雾散。

雾散了，"英雄"号面对的根本不是大陆，而是夹峙在两艘大帆船中间。帕尔默赶紧下令挂起美国国旗，与此同时那两艘大帆船也分别挂起了俄国国旗。

俄国船派了一艘小艇到"英雄"号邀请帕尔默到他们的船上作客，这时他才知道他们是沙皇亚历山大一世派遣的别林斯高晋领导的南极考察船。帕尔默的"英雄"号和别林斯高晋的船队竟然在冰山不绝、荒无人迹的南极海相遇，真是不可思议。

在俄国船的宴会上，帕尔默为他的发现守口如瓶，别林斯高晋也讳莫如深……时隔一百年之后，谁第一个发现南极大陆却成了悬案：今天的大多数美国的南极研究者都认为，功绩属于帕尔默；但俄罗斯的学者却确定，别林斯高晋的航海日志表明，他已经记载了南极半岛；至于英国，则坚信首先发现南极大陆的人是布兰斯菲尔德，因为他在 1820 年曾绘制过南设得兰群岛的地图。

👁️ 别林斯高晋和拉扎列夫

法捷依·法捷耶维奇·别林斯高晋出生于 1779 年，早年当过水兵。

别林斯高晋

1803～1806 年，他在伊·费·克鲁孙什特恩指挥的"希望"号船上参加过俄国的首次环球航行探险。当俄国政府着手组建南极探险队时，拨给这个探险队两艘航船——"东方"号和"和平"号，并任命曾经在 1803～1806 年担任"希望"号船大副的环球航海家马卡尔·伊凡诺维奇·拉特曼诺夫为南极探险队的领导人。但是，1819 年拉特曼诺夫指挥的一艘船在从西班牙返回俄国的途中，不幸在丹麦的斯卡晏角遇难，病魔缠身的拉特曼诺夫被送到哥本哈根城医治。这时，彼得堡传来了新的任命。由于染病在身，他拒绝了新的任命，并向指挥部推荐别林斯高晋海军中校，结果别林斯高晋被任命为"东方"号船（900 吨）的指挥官和南极探险队的领导人。

米哈依尔·彼得洛维奇·拉扎列夫出生于 1788 年，在 1803 年作为志愿兵被派往英国，在英国舰队里服役。他曾在大西洋海域航行多次，甚至到过安的列斯群岛。拉扎列夫回国时已成为一名技术高超、表现出众的航海家了。波罗的海的著名探险家列·瓦·斯帕法耶夫看中了这位年仅 23 岁的海军中尉，并竭力推荐他担任俄罗斯美洲公司的

拓展阅读

珊瑚岛

珊瑚岛是海中的珊瑚虫遗骸堆筑的岛屿。一般分布在热带海洋中，与大陆的构造、岩性、地质演化历史没有关系。珊瑚岛和火山岛一起被统称为大洋岛。

"苏沃洛夫"号航船的指挥官。拉扎列夫中尉没有辜负人们对他的信赖，圆满地完成了抵达美洲地区海岸的环球航行任务。在这次航行中，他在南纬 13°10′、西经 163°10′附近海域发现了由 5 个珊瑚岛组成的岛群，以他的航船的名称把这个岛群命名为苏沃洛夫群岛。航船于 1816 年 7 月中旬胜利回到喀琅施塔得港，这次环球航行历时 2 年零 9 个多月。此后，拉扎列夫被任命为"和

平"号船（500 吨）的指挥官。

◐ 接近南极大陆

　　根据俄国海军部的指令，别林斯高晋和拉扎列夫率领的探险队的主要任务是：在南极地区最近的地方进行发现航行，以便获得有关我们这个星球的最新知识。此外，海军部还特别指示他们，只有在碰到不可克服的困难的情况下，才可放弃这种努力，而且还要观测某些可能对俄国海军行动有价值的情报。

　　1819 年 7 月 16 日，别林斯高晋指挥"东方"号和"和平"号离开喀琅施塔得港，朝大西洋驶去。同年 11 月，到达南美巴西首都里约热内卢，经过补给后，向南航行。这两艘靠风驱动的帆船，驶入南纬 40°，受到第一次重大考验。因为在南纬 40° ~ 50° 的洋面上，不停地刮着猛烈的西风，有时掀起 20 多米高的巨浪，像山峰一样压向甲板，即使现代化的大轮船经过这里时，要想睡个安稳觉，不

南桑威奇群岛上的企鹅

是用木板将身体夹住，就得用布带把身体捆在床上。人们通常把这股强劲的西风称作"抢劫的西风"。把西风所处纬度称作"咆哮的 40°"、"发疯的 50°"。"东方"号和"和平"号经过艰难的航行抵达南乔治亚岛，他们在 12 月 28 ~ 30 日考察了这个海岛的南部海岸。在此，他们发现了一个小岛，并以"和平"号船上的军官阿宁科夫的名字命了名。

　　然后，"东方"号和"和平"号离开南乔治亚岛向东南行驶，别林斯高晋想找到桑威奇地的最北部分。当年库克仅从西部对这一发现作了调查，但没有确定它究竟是一连串海岛，还是南方"未知大陆"的北端半岛。"东方"号沿其东海岸航行，找到了库克的疑问的答案。别林斯高晋在库克发现的坎

德尔马斯群岛以北发现了 3 个小火山岛屿，并分别以"东方"号的三位军官的名字命名，它们是列斯科夫岛、托尔松岛和扎瓦多夫斯基（别林斯高晋的主要助手）岛。这三个岛与库克发现的桑威奇地，构成了现今的南桑威奇群岛。1820 年 1 月 3～18 日，别林斯高晋对该群岛调查后指出，它不是南方"未知大陆"的一个半岛。

知识小链接

半 岛

半岛是指陆地一半伸入海洋或湖泊，一半同大陆相连的地貌部分，它一般是三面被水包围。大的半岛主要受地质构造断陷作用而形成，半岛的主要特点是水陆兼备。

俄国人首次确定了南桑威奇群岛与南大洋中其他岛屿和礁石之间的联系，指出这里存在一条海底火山带，它位于南纬 53°～60°，并在大西洋西部海域延伸 2500 多千米。"和平"号船的一名军官诺沃西尔斯基写道："现在，人们已经清楚地看到，从福克兰群岛开始，连绵着一条海底山脉，这条山脉突出于海面的礁石岛有：阿夫诺拉岛、南乔治亚岛、克拉尔科夫礁、特拉维尔塞群岛、斯列捷尼亚群岛和桑威奇群岛。毫无疑问，这是一条火山山脉，扎瓦多夫和桑威奇岛上冒着浓烟的火山喷口，就是最明显的证据。"

这是一个重大的地理发现，这条海底山脉现在被称为南大西洋海底山脉。

毛德皇后地景色

1820 年 1 月 15 日，一个少有的晴天，两船驶抵南图勒，即离极地较近的一块小陆地，它是库克发现并命名的。他们看到，这块陆地由 3 个高耸的岩石岛屿组成，岛上覆盖着永不融化的冰雪。诺沃西尔斯基道出了同伴们当时的心情，他在次日写道："看来，在图勒以南也许还有一些新的海岛，也可能会存在一块大陆。假若不是这样，为什么会有这么多冰块产生？桑威奇群岛和向北延伸的岛屿离新的海岛或新的大陆不会十分遥远。"

"东方"号和"和平"号从东面绕过一座冰山之后朝东南方向前进。1月26日，两船首次越过南极圈。2天后，拉扎列夫写道："我们像幽灵一样到处徘徊了1个多月后，行进到南纬69°23′，在这里遇上了一座极大的冰山，正当顺风时，我们爬到桅杆顶上向前眺望，只能看到这座冰山的模糊不清的边缘。这个奇异的庞然大物，在我们眼前只出现了不长时间，然后就隐藏起来了，原因是此时天空顷刻变得灰蒙蒙的，并且下起了鹅毛大雪。这是我们在西经2°35′附近海区所看到的一切。

杰克孙港也就是现在的悉尼港

从此出发，我们继续向东行驶，同时尽一切可能向南推进。途中遇到一座又一座冰山，我们未能到达南纬70°就停止不前了。库克给我们提出的这项任务，使我们不得不冒着生命危险向南航行，或者像人们常说的'不致丢脸'才进行这样的航行。"

在这段航行中，两船共3次穿过南极圈。2月2日，他们到达本次环球航行的最南位置——南纬69°25′，西经1°11′。但他们没有发现南面98千米的毛德皇后地海岸。120年后，挪威的捕鲸者曾经到这段海岸，并把它命名为现在的名字。

"东方"号和"和平"号企图从东面绕过这些无法逾越的冰障。俄国帆船在2月21日和25日分别在东经19°和41°穿过南极圈。但是，和第一次一样，未能向南推进到更远的地方。

拓展阅读

悉尼港

悉尼港，又称杰克孙港，东临太平洋，西面20千米为巴拉玛特河，南北两面是悉尼最繁华的中心地带。悉尼港的环形码头是渡船和游船的离岸中心地。人们可以选择各种档次和航程的渡船、游船，来欣赏悉尼这一世界最大自然海港的美丽景色。这里也是最繁华的游客集散中心点。

短促的南极夏季即将结束，严酷寒冷的冬季逐渐逼近。"东方"号和"和平"号根据事先计划暂时分开航行。"东方"号沿库克航线以北3°航行，"和平"号沿弗尔诺航线以南3°航行。别林斯高晋希望重新找到皇家公司岛。据说西班牙的拉费洛发现过该岛，并由阿罗史密斯把它绘制在海图上，其位置是南纬49°30′，东经143°4′，但是，该岛并不存在。经过近1个月的航行，"东方"号于4月11日、"和平"号于4月18日抵达澳大利亚的杰克孙（悉尼）港。

对亚历山大一世地的发现

在杰克孙港停留了1个月以后，"东方"号和"和平"号到太平洋热带水域进行了大规模的调查。航行到土阿莫土群岛时，他们发现了一些有人居住的珊瑚岛。别林斯高晋把它们统称为罗西扬群岛。俄国人在热带太平洋调查后回到杰克孙港。

10月31日，两船离开杰克孙港向南行驶，朝着库克未曾到过的新西兰以南的高纬度区前进，

你知道吗

土阿莫土群岛

太平洋中南部法属波利尼西亚东部岛群。该岛位于南纬14°~23°，西经135°~149°，由80多个珊瑚环礁组成。陆地面积900平方千米，人口8540。常受飓风袭击。产磷灰石、椰子和珍珠等。1844年起被法国占领。

再次向南极冰雪大陆进发，途经位于南纬54°37′、东经158°51′的马阔里岛。他们在向南推进的过程中，开始时航行情况正常，一切都十分顺利，但是到12月中旬，他们遭到一场强风暴的猛烈袭击，天昏地暗，60米以外中几乎什么也看不清，强劲的阵风卷起了恶浪，浪头像小山一样高。

在这次航行过程中，他们曾3次越过了南极圈，其中2次航行到离南极大陆很近的地方。第三次向南航行时，陆地的明显迹象呈现在他们的面前。1821年1月22日，探险队的帆船已行进到南纬69°22′、西经92°38′。在此，他们遇到了冰障，不得不再次退回来。俄国人继续向东航行，几个小时后，他们终于看到了海岸线，并且以俄罗斯舰队的创始人彼得一世的名字命名了

这个新发现的海岛。

　　由于冰情严重，他们无法接近彼得一世岛，沿着冰缘继续航行。在 1821 年 1 月 28 日这天，天空晴朗无云，俄国人从两艘船上均望见南方有一片地势很高的陆地。从"和平"号船上望去，他们看到的是一个高耸入云的海角，一条狭窄的地峡把它与一条不高的山脉联结在一起，山脉向西南延伸；从"东方"号船上望去，他们看到的是一条山岳的海岸线，岸上覆盖着厚厚的白雪，然而，山崖和峭壁上没有积雪。别林斯高晋把它命名为亚历山大一世海岸。

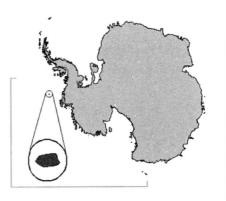

彼得一世岛的位置

　　俄国人发现这片陆地后，过了 125 年，龙尼领导的美国探险队考察了这个地区，从而确认这里有一条又长又窄的海峡——乔治六世国王海峡（长约 500 千米），它的北端终止于绍卡利斯基海峡，西端终止于龙尼湾。这条被冰封冻的海峡，把新发现的陆地与南极大陆截然分隔开来。亚历山大一世地，就是现在的亚历山大一世岛。别尔格在日记中这样说："尽管还没有最终证实亚历山大一世地是大陆的一个组成部分还是一个大岛，但即使这是一个海岛，它也与大陆比较靠近。"

基本小知识

绍卡利斯基海峡

　　绍卡利斯基海峡是俄罗斯的海峡，连接西面的拉普捷夫海和东面的东西伯利亚海，长约 110 千米，宽 20～50 千米，水深 200～250 米，全年大部分时间结冰。

　　亚历山大一世地位于南纬 69°～73°、西经 68°～76°。由于附近的水冻结成厚厚的冰层，俄国的航船无法冲向该地的陆岸边缘。别林斯高晋在这个新发现的陆地北面绕过一座冰山，向东驶去了。他穿过太平洋最东南部的海区——现在这个海被称为别林斯高晋海，然后驶进德雷克海峡，以便在这条海峡里寻找 1819 年 2 月 19 日英国海豹捕猎者威廉·史密斯发现的新设得兰地

（现在的利文斯顿岛），史密斯当时把它误认为是南方大陆的一个突出角。俄国探险队考察了这块陆地，并证实它是一个群岛，位于雷德克海峡东北偏北约600千米的海面上。

1821年2月11日，当别林斯高晋发现"东方"号帆船若不大修就无法在高纬度海区航行时，他决定掉转船头向北航行。在南设得兰群岛附近，俄国人见到了美国"英雄"号捕鲸船船长帕尔默，后来，美国学者以此为主要依据，说帕尔默是第一个看到南极大陆的人。"东方"号和"和平"号于1821年8月5日回到喀琅施塔得港。两船在历时751天的航行中，其中有527天是在张帆航行，两船从未出现违背指挥官意愿而分离航行的情况，他们在南纬高纬度海区完成了一次环球航行的使命。整个航程中仅失去2个人，返回时无一重病号。

逐鹿南磁极

  为了印证高斯关于南磁极的预言，英、法、美三国的探险队在寻找南磁极的过程中，历经坎坷，他们发现了未知生物，发现了不知名地区，但最终任务都没有完成，这究竟是偶然还是必然呢？南磁极竟然是移动的吗？是什么让探险队总是以失败告终呢？

🔍 威德尔与 "魔海"

詹姆斯·威德尔出生于英格兰的一个牧羊人家庭，自小没受多少教育。由于生性好动，对封闭的田园生活深恶痛绝，他跑到海港当了一名水手。到1821年，34岁的他终于成了猎海豹船"珍妮"号的船长。

这一年，他的运气极好，他在南极海域捕获了不少海豹，使他发了一笔小财。

1822年，他再度驶向南方，希望能有更大的收获。他在驶往南奥克尼岛时已经喝得酩酊大醉，登陆休整时，更是长睡不醒。他的助手库珀·休斯林多次劝他早一点起航，以免错过捕猎季节，但他总是摇头，不置可否。

除了休斯林，威德尔手下的船员也都是些不通文墨的粗汉子。他们在南奥克尼岛上暴食暴饮，也乐得其所，似乎早就忘记时间在一天天消逝。

一天晚上，威德尔难得清醒过来，他点了下库房的金钱，已经所剩无几，这才大吃一惊。他抬头看看日历，原来已到2月19日了。威德尔冷汗直冒，连忙派休斯林把在岸上的船员找了回来。接着拉响汽笛，起锚急急向东南飞驶。

南大洋的劲风冷得让人难以忍受，但威德尔胸有成竹，因为这一带海域对他来说真是轻车熟路。只是，南半球的冬季已经逼近，老海豹捕猎场除了密布的流冰之外，见不到一只海豹。威德尔忧心如焚，束手无策。

在这种情况下，除了继续向南寻找新的海豹捕猎场之外，别无他法。

威德尔命令船只往南行驶。越往南流冰越多，而绿色的海水也变成恐怖的深蓝。除了偶尔在冰缝中迅速北游的鲸鱼之外，连海豹的影子都没见着。"珍妮"号在大风雪中开开停停，远处传来大冰山巨响的爆裂声，让人听了不寒而栗。船员们已经失去了信心。

"珍妮"号处于混乱之中：一边是执意孤行的威德尔船长，一边是愤恨不已的船员。双方各不相让，争斗一触即发。

威德尔面临众叛亲离的局面，简直一筹莫展，就在船长室喝闷酒。这时，门轻轻地打开了，走进了他的唯一亲信休斯林。一阵耳语之后，威德尔铁板般的脸上绽出了一丝笑纹。

第二天，全体船员被威德尔召到甲板上。他先威严地逐个审视一张张狐疑的面孔，然后慢腾腾地从怀里掏出一张羊皮纸，递给站在旁边恭候的休斯林。休斯林清了一下嗓子，严肃地宣读：

"兹命令威德尔率'珍妮'号驶向南极，以完成大不列颠王国的光荣使命。"

船员们目瞪口呆，个个凑上前去瞅那张羊皮纸，只见在两三行正正规规的文字下面，有一个花体字的签名。是伊丽莎白女王陛下的旨意，还是英国政府的决定？对着船员们的纷纷提问，威德尔一言不发，只是指了指南方的海域。说来也怪，原先阴霾的天空少见地出现了金灿灿的阳光，而海面上一直密布的流冰群向两旁避开，形成一条宽敞的水道。

威德尔大喊："全速前进，这是上帝的恩赐。"

船员们顿时意气风发，各就各位，将船从水道中向南驶去，直到被巨大的冰架挡住前路才返航。

返航前，他们挂起了英国的国

威德尔海

旗，同时轰响礼炮，以庆祝他们的新纪录：南纬 74°15′，比库克的那次航行更接近南极点 380 千米。

威德尔虽然没捕到一只海豹，但归国之后受到了英雄般的款待，而地理学家也把他借假诏书闯荡过的海域，称为"威德尔"海。这个威德尔海由于严寒、冰山、风暴，常常险象环生，又被称为"魔海"。

◤ 为 "法国的荣誉" 而航行的迪尔维尔

1831 年，詹姆斯·克拉克·罗斯发现了北磁极后，德国的大数学家卡尔·弗里德里克·高斯预言："与北磁极相对应，在南方有个南磁极，它的位置应该在南纬 66°、东经 146°。"

1838～1843 年，先后有 3 个探险队被派去寻找这个南磁极。第一个探险队是由法国派出的。当时的法国国王是路易·菲利浦，他得知英国准备南磁极的考察计划后，为了"法国的荣誉"，立即命令已经前往南太平洋巡航的军舰改向，抢在英国前面去寻找南磁极，并任命迪蒙·迪尔维尔为探险队队长。

迪尔维尔接到命令之后，真是啼笑皆非。因为在 1837 年 9 月从法国起航时，他的"宇宙"号和"杰雷"号在计划中的航线是热带海域，那里是赤道无风带，所以这些船的船体构造及装备根本不适于去冰厚浪高的南极海考察。但是国王的命令是不可违背的，他只能勉为其难地进入了南大西洋。

果真，迪尔维尔遇到了麻烦，巨浪使船体左右摇摆达 60°，有好几次几乎倾覆于海底。两艘船的窗口太宽，本来是用它来浏览赤道旖旎的风光的，现在却造成了灾祸，冰冷的海水像瀑布似的直扑进来。

迪尔维尔虽然对南极并无浓厚的兴趣，但在生死存亡的关头，依旧身先士卒，历尽艰难和险阻，进入了威德尔所吹嘘的"除了他以外无人能进入的魔海"。这时已是 1838 年 1 月，正是南极考察的黄金季节，为了打破威德尔南进的纪录，他向南继续挺进。

魔海出奇得平静。迪尔维尔踌躇满志地站在甲板上，正眺望着蓝天中高高飞翔的海鸥，突然发现远处有一片朦胧的白影迅速地迎面而来。接着，大风带着尖利的呼啸从高空刮过，乳色的浓雾从海面升起，把迪尔维尔罩在一片白茫茫之中，海浪又开始咆哮了，他生怕他的船队遭难，下令"宇宙"号和"杰雷"号每隔 30 分钟发射一枚炮弹，并且不断地猛撞船钟，以保持相互间的联络。

在浓雾中船只慢慢向南。但是到达南纬 63°39′ 的地方时，层出不穷的流冰横亘在他们的前面。迪尔维尔血气方刚，他认为流冰奈何不了他，就决定设法寻找向南的水路。他们沿着冰缘一路探索，走走停停，花了 2 个月的时间，才明白他们的处境：他们的所有努力仅是在冰海边缘作些无用的徘徊而已。

寒冬眼看着要堵住他们的后路了。迪尔维尔退却了，他撤到了北方。在 1838 年的下半年和 1839 年的上半年，依照最初的计划，一直在赤道附近巡航。正当他想归国的时候，路易·菲利浦的第二次命令下来了，他严厉地斥责迪尔维尔，让他无论如何要把法国的国旗第一个插上南磁极。

迪尔维尔在塔斯马尼亚岛的霍巴特稍事休整后，于 1840 年元旦再度起航向南前进。船行驶了不久，到了 1 月 19 日，迪尔维尔的眼前豁然开朗，人类寻找已久的南极大陆本土忽地出现在面前。迪尔维尔激动得热泪盈眶，透过濡湿的双眼他看到巍巍的山崖从东向西伸入一片无垠的云天，而山崖的低洼处，则是白色纯洁的雪原，近处几座冰山正在离岸向大海缓缓漂去……

基本小知识

塔斯马尼亚岛

塔斯马尼亚岛位于澳大利亚的南面，那里是"世界的尽头"。它是澳大利亚最小的州，是唯一一个人们可以用几天就可转一圈的州。塔斯马尼亚岛离墨尔本南部240千米，巴斯海峡把它和澳大利亚大陆分隔开。从上方看，塔斯马尼亚岛是一个心形的小岛。

迪尔维尔拿出手帕擦着眼睛，手帕使他想起他的妻子在3年前港口送别时的泪眼。于是他毫不犹豫地把面前的这块陆地命名为"阿德兰地"——阿德兰就是他妻子的名字。

迪尔维尔派一艘小艇去登陆，但眼前全是陡峭的冰的断崖，根本无法靠岸。他们经过整整一天的努力，才千辛万苦地爬上了"阿德兰地"附近的一块小岛。成群的企鹅

阿德兰企鹅

不慌不忙地看他们插上法国国旗，迪尔维尔便把这些友好的企鹅也命名为"阿德兰企鹅"。

现在，迪尔维尔就剩下寻找南磁极的任务了。根据指南针的显示，他测知南磁极就在他们不远的东方，于是就下令船队向目的地前进。

南极的大雾说来就来。"宇宙"号和"杰雷"号行驶不久就陷入一片潮湿的混浊之中。他们沿袭老方法，每隔30分钟就发射一枚炮弹，小心翼翼地寻索着航行。

1月29日，在"宇宙"号的瞭望台上，突然发出一声惊呼。迪尔维尔闻声疾步跑出船长室。在前方的不远处，赫然出现了一艘军舰。他惊魂稍定之

后，就命令"宇宙"号向那艘军舰缓缓靠近。但对方却相反，不作任何表示，只是缓缓地回避，最后在浓雾中消失了。迪尔维尔除了依稀辨出那条船的船尾上有一面美国旗外，别的一无所知。

没过几天，浓雾散了，但周围挤满了冰山，船队再也无法前进了。迪尔维尔只好在南极海封冻之前，下令返航归国。

美国人的无功而返

与迪尔维尔相遇而又逃之夭夭的军舰是美国的"波波依斯"号，舰长是查尔斯·威尔克斯，他率领的美国探险队是在1838年8月从弗吉尼亚州出发的。在他与迪尔维尔邂逅之前，已经沿南极冰缘航行了2800千米，他误以为法国船的靠近无非是想获得他来之不易的极地资料，所以采取了避而不见的举动。

查尔斯·威尔克斯的探险船队是美国政府第一次有组织的大规模探险活动。船队包括3艘军舰和2条补给船，虽然庞大，却是所有前往南极大陆的探险队中航海装备最差的一支，全部船只都不适于极地活动。

三艘军舰——"文生尼斯"号、"孔雀"号、"波波依斯"号全都没有御寒的特殊设施，而四方形的大窗户，对于南大西洋的巨浪来说，未免太宽了些。至于另两艘补给船，比太平洋诸岛土著的独木舟大不了多少，载货量小，速度极慢。所以军舰常常不得不停下来，在大洋中漫漫无期地等待补给船的到来。

威尔克斯是个非常严厉的指挥员，脸部肌肉僵硬，几乎从来没有任何表情，但稍不如意便会大发雷霆。终于有一次，当补给船晃晃悠悠地出现在海平线上时，他命令发射了一发炮弹。炮弹在补给船船尾激起一股水浪，船长吓得一头大汗，但也无济于事，补给船依旧慢慢腾腾地行驶着。

威尔克斯顿时火了，命令补给船就此回国，以免误了他的行程。他的行为引起了水兵们的喧哗，但威尔克斯不为所动。他知道，他承担的任务极其重大，面对着严酷的环境，必须以坚定的态度去应战。所以他把几个为首吵闹的水手遣送回国，然后下令船队开拔。

船队在火地岛的奥伦奇港稍事休整后，便分道扬镳。

威尔克斯乘坐"波波依斯"号向威德尔海挺进，但那里的冰雪情况，比威德尔所描述的更加险恶万分，所以几经周折也没有前进一步。

而"文生尼斯"号和"孔雀"号则循着库克的航线向西推进到了西经105°。他们准备转头向南的时候，冰层重叠，根本无法到达库克曾到过的南纬71°10′的位置。

拓展阅读

火地岛

火地岛位于南美洲的最南端，面积约48700平方千米。1881年智利和阿根廷划定边界，东部属阿根廷，西部属智利。

1839年5月，正值南极的冬天，威尔克斯的船队返回温暖的水域。7个月后，船队再度进入南极地区。当他们看到一个冰雪覆盖的小岛时，禁不住欢呼起来。但好景不长，他们继续向西行驶不久，一声巨响，"孔雀"号撞上了一座冰山。"孔雀"号很快沉没了，船员们纷纷吵着要求返航，但威尔克斯一出现在他们面前，他们立刻鸦雀无声，默默接受了他绝不动摇的命令。

威尔克斯确信，只要他坚定不移，就一定能抵达大陆的沿岸。一座巨大的几乎望不到边的冰山挡在他的面前，船员要求回避，威尔克斯却下令设法从冰山的裂缝中插过去。犬牙交错的冰凌擦得船体"咯咯"直响，让人毛骨悚然。他成功了，在1840年的1月底，船终于开出冰缝，一片浩瀚的冰架出现在他们的面前。他们惊喜地看着冰架上的海豹、海象，而在冰架的尽头，几座裸露的棕色山峰直上云天。

威尔克斯登上了岸，举行了简单的仪式，便继续出发寻找南磁极。也许就在这时，他遇上了迪尔维尔的法国探险船。但威尔克斯躲开了，让船顺着南极大陆沿岸艰难地行进。这时，船员们的身体状况极差，稍一动弹就气喘吁吁，死人的事也时有发生。船的装备接近原始，气候的寒冷使缆绳结成了冰柱，而甲板由于结冰而变得又厚又滑。船舱更是寒碜，十几个人挤在一间房里相互以体温取暖，单薄的衣着使他们不敢到露天作业。

2月中旬，他们再也无法穿过面前的冰河了。面对着船员们菜色的脸孔，威尔克斯终于从牙缝里挤出了返航的命令。

3月中旬，他们脱离了冰山，来到了碧蓝的海域。在温暖的夜风中，威尔克斯召集起全体船员，眼里噙着泪珠，感慨万千地说："非常遗憾，我们没寻到南磁极，但美利坚合众国会感谢我们这次伟大的航行。"他的脸上第一次浮出了宽慰的笑容。

罗斯出征南极

1839 年，英国派出极其能干的詹姆斯·克拉克·罗斯领导的探险队前往南极寻找南磁极。在这以前，他是发现北磁极的第一人。罗斯极为兴奋，因为，如果如愿以偿，他便能建立不朽的功勋。

罗斯的出发要比法国人和美国人晚得多。但事实证明，晚有晚的好处，他在霍巴特作短暂的停留时，听到了迪尔维尔发现"阿德兰"地和威尔克斯沿着"很美的海岸线"的一些情况，从而使他改变了航向。

罗斯的另一个优越的条件就是他有丰富的极地探险经验。他坚决摒弃以往航船华而不实的外形，特地设计出一种形状古怪丑陋的船只：船体不大，而且航速也慢，但由于构造结实，又有预防漏水的隔板，甲板也比其他船只厚了许多，所以适合在冰海中长期航行。

罗斯是个头脑清晰的探险家。他既不像迪尔维尔那样优柔寡断，也不像威尔克斯那样冷酷无情，他相信这一点：在环境险恶的极地航行中，最重要的是全体探险队员同舟共济的精神，有了这种精神，探险才会获得成功。基于这点认识，所以他极其关心船员的生活。他替他们装备了足够的御寒衣服，并且大量采购了当时的最新食物产品——肉类和蔬菜类罐头。而在以前，船员充饥的是咸腊肉和饼干，时间一长便患坏血症。现在有了易于保存的罐头，不仅保证了船员的营养，而且也使漫长的航行生活不至于过分单调。

这一年的 11 月 12 日，罗斯指挥"艾尔帕斯"号和"泰拉"号从霍巴特出发。虽然不久就遇到了极为凶险的流冰群，但他镇定自若，他知道自己选择的航线最容易靠近南极大陆的海岸。船员们也充分信任罗斯，对他在流冰群的来回穿梭并无半点异议。在流冰的不断撞击之下，罗斯设计的小而结实的探险船显示了它的优越性，它甚至在被流冰抬起之后，又能从冰面上安然无恙地滑入海中。所以船员们以一种轻松的口吻称"艾尔帕斯"号为"海豹"，称"泰拉"号为"海象"。

过了将近2个月，船只才通过流冰带进入水面。船的前方是一片浑然无物的茫茫水雾，而陆地依旧是一个难以捉摸的谜。

◎ 败于魔海

1841年的1月11日晚上，在阳光西斜的南极白夜下，出现了一道险峻的山影。船员们蜂拥上了甲板，抬起了罗斯，大声欢呼："看哪，南极大陆！"是的，那确实是被积雪和坚冰覆盖的南极大陆，只在高高的山岭顶端，才露出灰褐色的岩峰。这些岩峰高达两三千米，在相邻的挺拔的岩峰间，是平滑的U形的谷地，那里的积雪形成冰川，而冰川的下端是伸向海岸的冰舌。

拓展阅读

U形谷地

又称冰蚀谷。在山地区域，当冰川占据以前的河谷或山谷后，由于冰川对底床和谷壁不断进行剥蚀和磨蚀，同时两岸山坡岩石经寒冻风化作用不断破碎，并崩落后退，使原来的谷地被改造成横剖面呈抛物线的形状，这样能更有效地排泄冰体。这种形状的谷地称U形谷或槽谷。

趣味点击 维多利亚地

位于东南极洲、罗斯海与罗斯陆缘冰的西侧，在东经150°～170°、南纬70°～78°。东部有与经线相平行的大地垒带和与其相垂直的东西向横断层。地垒带东缘下接罗斯海，陡坡明显。沿岸和沿海岛屿上有世界最大的火山群之一。

第二天，罗斯便命令他的船队在离岸不远的地方抛锚。为了纪念维多利亚女王，他把前面的这片陆地命名为"维多利亚地"。罗斯分析了当时的境况，大陆沿岸的冰墙像刀削一样，根本无法攀登，于是他们便在附近的小岛上举行了升旗仪式。

罗斯下令沿着海岸向南继续航行。海面上几乎没有流冰，探险船开得既轻松又平稳。

1月27日晚上，他们突然看到前面一片火光。他们越往前，就越无法相信眼前看到的景象——在到处白皑皑的岛屿上，竟然有着一座活火山。罗斯当即在他的航海日记上写道："这真是上帝的巨大火炬，在一座海拔 3780 米的高山之上，冒出大量火焰和烟尘，景色非常壮观。"第二天，他把那座活火山命名为"艾尔帕斯山"，而把与它并排的另一座死火山叫作"泰拉山"。

罗斯决心要找到南磁极，因而绕过该岛前进。不久，他看到了一个更为惊人的景观：在小岛东边，出现了一片广袤无边的冰原。冰崖与海面完全垂直，高达

你知道吗

罗斯冰架

罗斯冰架呈一个巨大的三角形，几乎塞满了南极洲海岸的一个海湾。它宽约 800 千米，向内陆方向深入约 970 千米，是最大的浮冰，其面积和法国相当。一部分海岸线是一条连续不断的悬崖线，在其他地方则有海湾和岬角。冰的厚度在 185 ~ 760 米变化。罗斯冰架正以每天 1.5 ~ 3 米的速度被推到海里。

五六十米，整整齐齐像被斧砍过一样。而冰原的顶部非常平坦，靠海的冰崖上面没有一丝裂缝，也没有隆起一个小丘，简直像刨平的那样。这个厚达两三百米的海上冰原，就是今天的罗斯冰架，或者叫"罗斯陆缘冰棚"。

向南的路显然是不通了，于是船只就向东航行。到了 2 月 5 日，海面完全被冰封住，罗斯只得放弃寻找南磁极的念头，下令返航。

罗斯冰架

这是罗斯南极探险的第一个航次。在这个航次中，他到达南纬 74°42′，也就是说，打破了威德尔在 1822 年创造的 74°15′ 的纪录。

◎ 梦想破灭

罗斯南极探险的第二个航次是从 1840 年 11 月中旬开始的。这个航次他们登上了罗斯冰架，并做了大量调查。1841 年 2 月，罗斯到达了南纬 78°10′ 的地方，这个新纪录在往后的 60 年间无人突破。

　　罗斯南极探险的第三个航次计划从威德尔海向更南的海域推进，并且准备登陆，再从陆上寻找南磁极。但是他的计划忽略了"魔海"的变幻莫测。1841年12月初，他到达威德尔海时，狂风、浓雾、暴雪、流冰接连不断。每天晚上，瞭望员都要发出惊恐的呼叫："冰山，冰山！"而罗斯在这个航次里几乎一直站在甲板上，随时准备应急措施。其他船员也根本没睡过一个安稳觉。

　　这是罗斯在南极度过的最后一个南半球的夏天。他使出浑身的解数，但也只到达南纬70°的位置。紧接着，南极漫长的暗无天日的夜来临了。至此，罗斯寻找南磁极的梦彻底破灭了。1842年6月，他返回了英国，结束了生命中最为辉煌的岁月。

　　法、美、英三国的探险队在寻找南磁极的过程中，同归于失败，这绝非是偶然的。因为虽然高斯作了大胆的预言，但他并未了解地球的磁极其实是漂移的。在三国探险队的活动时期，南磁极正好在南极大陆上，当时的装备条件，不足以使探险队登陆考察。

第一个到达南极点的人

　　1911 年 12 月 14 日，挪威著名的极地探险家罗阿德·阿蒙森历尽艰辛，闯过难关，终于成为人类第一个登上南极点的人。1909 年，当他正在"先锋"号船上制订征服北极点的计划时，获悉美国探险家罗伯特·皮尔里已捷足先登，他便毅然决定放弃北极之行的计划，改变方向朝南极点进发。1910 年 8 月 9 日，阿蒙森和他的同伴们乘探险船"费拉姆"号从挪威起航。阿蒙森伟大的南极点之行，轰动了整个世界，人们为他所取得的成就欢呼喝彩。

穿越西北航道

罗阿德·恩格布雷斯·格拉文·阿蒙森，1872年6月16日出生于挪威首都奥斯陆附近的一个农庄里。他的父亲詹姆斯·恩格布雷斯·阿蒙森拥有一个农庄，在奥斯陆拥有一幢房产，还拥有船舶公司若干股份。罗阿德·阿蒙森从年轻时候起就决心要成为北极探险家。虽然他按照母亲的愿望，成了大学医学系的学生，然而他对学医并不感兴趣，仍坚持要成为探险家，并且为此他尽可能地去适应一些艰苦的生活。他冬天睡觉开着窗户，天天洗冷水浴，在温度下降到 −40℃ 依然坚持。冬天，他常外出远足或滑雪旅行，其中有一次差点丧命。但这对一个想成为北极探险家的年轻人来说，的确是再好不过的磨炼。

阿蒙森

阿蒙森的探险船

阿蒙森21岁时母亲去世了，从此他放弃了学医，来到商船上供职，打算获得船长的执照，以便将来自己指挥探险船。

1897年，他作为大副受雇于"比利时"号奔赴南极洲。这是迪格拉奇船长率领的一次比利时南极探险，阿蒙森从这次失败的探险中吸取了不少教训。

迪格拉奇宣布探险队的主要任务是考察南磁极。然而，事与愿违，到了南磁极对面的格雷厄姆地，"比利时"号被封冻在浮冰里，随冰漂流了13个月。阿蒙森是船上未患坏血症的两人之一。这次探险一事无成，于1899年返回欧洲。2年后，阿蒙森受雇于一艘商船当船长。

　　最使阿蒙森青睐的北极西北航道，它是一条沿加拿大北面、从大西洋通向太平洋的航线。从 16 世纪以来，人们就希望找到这条最短的航线，从而大大缩短从西方到达东方的航程。不过，由于冰情严重，从东和从西进行探险的船员，有的穿过大半航程，但无一人真正穿过它。阿蒙森渴望成为完成这一使命的第一个人。

　　由于北磁极和西北航道在同一区域，因此，穿过西北航道的航行能够与对北磁极的研究充分结合起来。阿蒙森的老乡、挪威伟大的探险家南森，向他介绍了一位年轻的地磁专家诺迈伊尔教授，在他的帮助下阿蒙森建立了一支探险队。1903 年 6 月，阿蒙森同 6 名伙伴乘 47 吨的渔船"约阿"号离开挪威，他宣布要经西北航道驶抵旧金山，途中还要进行地磁考察。

　　这次航行花了 3 年时间，在此期间，阿蒙森成了一名北极旅行的船长。他从爱斯基摩人那里学习如何靠海豹和海象肉生活，

拓展阅读

西北航道

　　所谓西北航道是指由格陵兰岛经加拿大北部北极群岛到阿拉斯加北岸的航道，这是大西洋和太平洋之间最短的航道。西北航道是经数百年努力寻找而形成的一条北美大陆航道，由大西洋经北极群岛（属加拿大）至太平洋。航道在北极圈以北 800 千米，距离北极不到 1930 千米，是世界上最险峻的航线之一。

如何用鲸油作燃料。他驾驶着"约阿"号船穿过西北航道，于 1906 年顺利抵达目的地——旧金山。

▶ 由北极到南极

　　阿蒙森为人精明能干，他在为第二次探险筹集资金时没有遇到任何麻烦。他计划绕北极区航行，从太平洋出发再回到太平洋，途中到北极点考察。

　　这次探险深受公众的关注，因为在此以前，虽然有许多人企图到达北极

点，但无一人成功。南森很支持阿蒙森的这一举动，为他这次探险专门建造了一艘392吨的船，取名为"费拉姆"号。就在这时，有两则消息几乎同时传到挪威。一则是美国的罗伯特·皮尔里于1909年4月6日到达了北极点；另一则是英国的沙克尔顿抵达南极高原，找到了通往南极点的实际路线。这突如其来的消息，对阿蒙森无疑是一个沉重的打击。尽管他对到达北极点从未十分热心，但他却是得到公众支持和提供资金的成功目标。而现在，皮尔里的成功意味着征服北极点已毫无意义。

狗为阿蒙森征服南极点立下汗马功劳

此时，阿蒙森毅然决然地放弃了原来要花四五年时间环北极航行的计划，来了180°的大转向，决定要去南极点。他推测，沙克尔顿至少要离开一年多的时间，在这段时间里，他可能到达南极点。如果成功了，他就会不费劲地为北极漂流探险筹集更多的资金。

1910年8月9日，"费拉姆"号从挪威起航，除个别人外，大家都认为阿蒙森是去白令海峡，开始执行其北极漂流计划。当他掉转船头向南航行时也没有引起大家的疑心，因为那时巴拿马运河正在开凿之中。不过，阿蒙森很快获悉，他的另一个竞争对手——英国斯科特上校组织的南极探险队，已在2个月前就向南极进发了。

基本小知识

巴拿马运河

　　巴拿马运河位于中美洲的巴拿马，连接太平洋和大西洋，是重要的航运要道，被誉为世界七大工程奇迹之一和"世界桥梁"。巴拿马运河由巴拿马共和国拥有和管理，属于水闸式运河。其长度，从一侧的海岸线到另一侧海岸线约为65千米，而由大西洋（更确切地讲是加勒比海）的深水处至太平洋的深水处约82千米，宽的地方达304米，最窄的地方也有152米。

　　阿蒙森在航行途中，向船员们公布他将去南极的计划，并得到大家的一致赞同。他从马德拉拍了一封简短的电报给斯科特："我正去南极。"斯科特于 10 月 10 日在墨尔本收到了电报。这引起了英国新闻界的一场轩然大波，这场争论一直平息不下来。他们指责阿蒙森搞两面派，欺骗斯科特。公正地说，阿蒙森这样做并没有什么错误，罗斯海及其沿岸都是边远地区，应对任何具有坚韧不拔精神的人开放。

　　然而，阿蒙森并未把注意力放在麦克默多海峡，他研究了"发现"号和"好猎手"号考察队的报道，推断在鲸湾附近冰上建立基地是有可能的。沙克尔顿想这样做，但没做到，原因是 1902 年和 1908 年冰的地理位置的变化。阿蒙森对冰情变化颇有经验，他认为 1902 年的冰情反常，而 1908 年的冰情属正常。如果 1911 年仍然正常的话，他就打算把基地建在这里的冰上。而且，在他出航前，就委托一个了解他的意图的人，为他准备了 102 只格陵兰拉雪橇的狗。

知识小链接

麦克默多海峡

　　麦克默多海峡在南极洲岸外，为罗斯海向西延伸部分。位于罗斯岛以西，维多利亚地以东，罗斯冰棚边缘。美国建有麦克默多极地研究站。

◐▶ 扎营鲸湾

　　马德拉群岛的丰沙尔，是阿蒙森到罗斯海前的最后一个停靠港口。南航途中，因缺乏淡水，有几天人要定量用水，但狗就没法定量，幸亏遇上了大雨，他们把所有容器都盛满了水，就不必再从港口加淡水了。

　　1911 年 1 月 2 日，"费拉姆"号穿过了南极圈，并在同一天抵达浮冰区。4 天前，他们在开阔水域和罗斯海中航行时，首次使用了回声测深仪，探测海水深度。

马德拉群岛

马德拉群岛有"大西洋明珠"美誉，它位于非洲西海岸外，属亚热带气候，由含火山的群岛组成。这个群岛位于里斯本西南约1000千米，离摩洛哥的海岸线约600千米。

**马德拉群岛曾是阿蒙森
到罗斯海前的一个停靠港口**

猎取海豹和企鹅来作为人和狗的食物。

阿蒙森很关注队员们的身体健康，即使在南极，他也坚持节假日休息。船到达鲸湾后他就宣布休假一天，只有非做不可的工作才在星期天做。一般情况下，星期天都休息。

2月4日，斯科特的船"新大陆"号来访，斯科特不在船上，船由彭内尔中尉指挥。阿蒙森还到"新大陆"号船上和他们共进午餐。

1月4日，他们到达无浮冰的开阔的鲸湾。但阿蒙森当时并不知道，这样做是冒着极大的风险的，因为这一带的冰，是与陆地连在一起的固定冰。

他们在离冰缘几千米处安装起房屋，并且从1月16日开始从船上卸货。他们把这个基地命名为"费拉姆之家"，在离船不远处，建立了临时的狗舍。当时他们已有116只狗了，因为在航行期间又出生了几只小狗。在卸货期间，人们就开始

你知道吗

回声测深仪

回声测深仪的工作原理是利用换能器在水中发出声波，当声波遇到障碍物而反射回换能器时，根据声波往返的时间和所测水域中声波传播的速度，就可以求得障碍物与换能器之间的距离。声波在海水中的传播速度，随海水的温度、盐度和水中压强的变化而变化。

从"费拉姆"号船上卸下最后一批补给品之后，阿蒙森就离开营地去布设第一个仓库。他打算自南纬80°开始，沿东经163°往南，每一纬度布设一个仓库。阿蒙森的旅程安排与斯科特或沙克尔顿的安排大不相同。在旅行中，他带着4人和3架雪橇，每架雪橇带有6只狗组成的一支狗队。在出发时，人们穿上毛皮衣服，途中热了就换上防风衣。

除了启动雪橇，阿蒙森的人从不拉雪橇。走在前面领头的那个人，向狗发出前进、停止和转向的信号。队员们轮流当领队，其余的人在雪橇旁滑雪前进。

格陵兰狗状况良好，一天能够不费力地跑上28千米。一建好营地，阿蒙森就对狗进行测试，开头3天都能这样做，在第四天，他想试试狗究竟能跑多快，于是他驾驶狗拉的雪橇在营地之间跨越40千米，但有点困难。

2月14日，到达南纬80°，阿蒙森在这里卸下食品，建立起仓库，然后返回，又走了55千米。这样，一天中，他们共走了73千米，还设下了一个仓库。

仓库是按同一计划建立的，他们把一些燃料、食品用雪堆高，上插黑旗作标记，在仓库的东西南北都插上黑旗，每面旗标出到中心的距离。阿蒙森在从南纬80°返回的路上，把剩下的干鱼油切成厚片，放在雪上，作为返回的路标。

冬天到来之前，他们在南纬81°、82°建立了仓库，于4月12日回到基地。在整个布设仓库的旅行中，只死了3只狗，每天行走距离约28千米。

阿蒙森建好越冬基地后，把3吨补给品布设在返回南极点的仓库里，其中最远的仓库离基地384千米。

阿蒙森感到他处在优先的地位。他比在麦克默多海峡的任何基地到南极点的距离至少近96千米，而且这里周围有许多海豹和企鹅，可供人和狗食用。

▶ 费拉姆之家

费拉姆之家的设计师是北极经验丰富的乔根·斯塔比留德。他事先在挪威把房屋组合后建在阿蒙森的花园里，每个木板都被打上标记并编号，然后拆开运到南极洲，在鲸湾重新安装。

费拉姆之家有一个入口、一个厨房和一个大房间，睡铺和小柜排成一排。共 10 个铺，睡 9 个人，空的一个铺用来存放仪器。每人一个铺、一个小柜。地板上不允许放任何东西，铺底下只放鞋。地板打光并放上小地毯，墙和天花板涂有颜色，屋里挂有装饰画。做饭和取暖用煤油炉，照明用煤油压力灯。煤油加热器，在白天能使室温达到 20℃。

入口外边的储藏室是用空的包装盒子做成的，取名为禁闭室。在第二次布设仓库旅行期间，费拉姆之家只留下一个人——林斯特龙。林斯特龙不可能单枪匹马地清除掉积雪，因此，他挖了一个斜洞到达表面，并装了地板门，其后，正对着第一个通道挖第二个通道，最后掘一个深坑。他用这个深坑作粪坑，排除厨房污水和垃圾。这相当卫生，即使灌进热水，也几乎能马上冻成冰。

当他的伙伴们返回后，挖通道就成了深受喜爱的运动。他们挖了一个厕所通道、储藏室、工作间和一个蒸汽浴室。没有一支南极探险队能像费拉姆之家那样有如此舒适的设备和良好的住处。

船离开后，狗舍转移到费拉姆之家。这些动物住的是粗帆布支起的帐篷，建在一个深坑里，周围用凿出的冰垒成墙。柱子是用冰墙来支撑。狗吃风干的鱼油和海豹肉。在冬季这段时间，有 15 只小狗出生。

除厨师林斯特龙外，每个人都负责照料和训练这群狗。在布设仓库的旅行中，他们发现雪橇造得太重，于是，斯塔比留德和布贾兰德就进行改造，使其重量减少了 18 千克。阿蒙森设计出双人型帐篷，把两个连一起，能住 5 个人。

考察队几乎不从事科学工作，因为阿蒙森的目标是到达南极点，决不以别的任何理由为借口。然而，他们坚持气象和地磁记录，坚持对南极光的观测。

费拉姆之家不需夜间值班，而英国探险队则必须坚持夜间看守，以防火灾的发生。因为他们在木质船和房屋里取暖，都是用煤炉子，常发生火灾；而费拉姆之家取暖用煤油加热器，一转旋钮即可熄灭。第二天早晨一点火，屋子就能很快地暖和起来。

挪威探险队，包括阿蒙森在内的每个人，都轮流值日：整理房屋、扫除、擦地板、摆桌子和洗涤。星期天中午结束一周的值日，晚饭时喝杯酒，吸一支雪茄烟以示庆贺。他们尽管有很好的留声机和唱片，但除生日、国庆和周末外，别的时间从来不开。

星期天大家都放假，厨师也不例外，饭菜是由志愿者去做。从4月到8月底的5个月，费拉姆之家的9口人，生活愉快幸福，天天盼望着伟大的南极点之行。

👁 南极点之行

1911年9月18日，5个人驾着90只狗拉的5架雪橇，从营地出发到南纬80°布设最后的仓库。9天后，他们回到营地，完成了阿蒙森的最后计划。

阿蒙森认为，他以狗为动力，不仅可以跑得快，而且出发时间可提前。因此，如果能到达南极点，必定先于斯科特。"费拉姆"号预计在1月中旬回到鲸湾，阿蒙森计划3个月的极点之行，若在10月中旬出发，就能按时回来与船相会。

10月19日，罗阿德·阿蒙森、奥拉夫·布贾兰德、斯维里·哈塞尔赫尔默·汉森和奥斯卡·威斯廷离开费拉姆之家，开始了南极点的远征。他们在3天的时间里就到达了南纬80°，每天平均行进38千米，但在穿过营地南面的险恶冰缝区时，布贾兰德掉进了冰缝，九死一生。他们前进的速度减到每天28千米。

11月2日，到达南纬82°，他们从仓库取出所有物品，使雪橇载重达到最大。足足够用90天的物品，一部分要布设在前面的仓库里，一部分要带到南极点。这时，狗减少到46只。

他们在一冰川的三角洲扎营。把他们的物品运到山顶共需要42只狗，但他们一到那里就宰杀了几只。有人憎恨阿蒙森的这种做法，而他却把这作为到达南极点付出代价的一部分。

基本小知识 👆

三 角 洲

三角洲，即河口冲积平原，是一种常见的地表形貌。江河奔流中所裹挟的泥沙等杂质，在入海口处遇到含盐量较淡水高得多的海水，凝絮淤积，逐渐成为河口岸边新的湿地，继而形成三角洲平原。三角洲的顶部指向河流上游，外缘面向大海，可以看作是三角形的"底边"。

11月17日，他们开始登山。第二天，罗斯冰架就被甩到后面去了。晚上，他们在1200米高处扎营，在这一纬度相同高度的其他地方，温度应下降，这里却相反，温度上升了6℃，致使他们汗流浃背，只得脱下毛皮大衣前进。

到11月19日，他们攀登到1580米的高度，到达阿克塞尔·海伯格冰川与利夫冰川前沿交汇处，其表面冰破碎和裂缝严重，在这里不得不暂时转运物品。他们设立了一个临时营地，狗都留下休息，而阿蒙森、汉森和威斯廷则滑雪橇到前面探路。

终于找到一条可通行的小路，他们就带着雪橇向上攀登，终于到达3340米高的极地高原。他们带着42只狗和所有物品，在2天的时间内发现、绘制

冰缝是极地探险的巨大威胁之一

和攀登了一条通往极地高原的新路，这的确是一项惊人的成就。

在屠宰营地，他们进行令人痛心的工作：杀狗，为幸存者提供食物。11月21日，阿蒙森宣布休息一天，然而，这次休息一直延长到25日，这是因为暴风雪使得他们无法前行。

12天后，他们穿过称为"魔鬼舞厅"的冰缝纵横的区域。自从暴风雪袭击以来，天气一直阴郁多云，因此，阿蒙森靠着"准确的猜测"行进。9天后天晴了，当他核对他的位置时，他发现正好处在计划的路线上。

12月7日，他们打破沙克尔顿创造的南纬88°23′的纪录。

阿蒙森等人到达南极点

1911年12月14日，阿蒙森等人到达南极点，设立的营地取名为极点之家。他们在地球的最南端共住了3天。南极点地处暴风雪席卷荒漠的高原中央，海拔3360米。

他们在南极点进行了连续24小时的太阳观测，确定出南极点的平均位

置，并垒起一堆石头，插上雪橇作标记。帐篷搭在一旁，里面留下写给斯科特和挪威哈康国王的信。

阿蒙森留信给斯科特并不是要故意捉弄他，他认为斯科特能够到达南极点，而自己的前面是长而艰难的路程，任何意外都可能发生，一旦他在返回途中遇到不幸，斯科特就会向世界公布他的功绩。

阿蒙森在南极点做的标志，和最初的仓库标记一样，从南极点起的 4 个方向上向外延伸 10 千米，插有 4 列旗子。不同的是，南极点的每列旗子都朝北，而其他仓库的 4 列旗子指向东西南北。

阿蒙森达到南极点

仪式性的南极点

12 月 18 日，他们带着 2 架雪橇和 18 只狗开始返回。1912 年 1 月 4 日他们到达阿克塞尔·海伯格冰川的源头，2 天后就回到罗斯冰架。途中唯一伤亡的是一只狗掉进了冰缝丧生。

阿蒙森他们每天行程可达 40 千米，并且坚持每行 5 天休息 1 天。1 月 25 日，他们乘 2 架雪橇回到了基地费拉姆之家。

1 月 30 日，挪威探险队乘"费拉姆"号船离开南极洲，3 月初到达澳大利亚的霍巴特。阿蒙森在这里会见了准备去阿德利地考察的道格拉斯·莫森，并把所有活着的狗（11 只到过南极点的狗除外）送给了他。那 11 只老练的极点之行幸存者，随船回到挪威，在那里欢度幸福的余生。

阿蒙森在 7 月份回国后，就其极点之行著书立说并四处演讲作报告，赚了一大笔钱。

1916 年，他建造了一艘探险船"莫德"号（以挪威皇后的名字命名），开始执行他的北极漂流探险计划。

1925 年，他和一位美国极地探险家乘水上飞机，首次飞过北极点。

1926 年，他乘意大利水上飞艇到过北极。

1928 年 6 月 28 日，为了营救海上遇难的诺比尔等人，阿蒙森乘飞机离开挪威去北冰洋海域搜索，在几次常规的无线电通讯之后，他的行踪就杳无音信了。这位第一个到达南极点的英雄，在北冰洋消失了。然而，他的名字和功绩，却在极地探险的史册中永放光彩。

斯科特捐躯南极

　　斯科特被英国人称为 20 世纪初探险时代的伟大英雄。1910 年 6 月 1 日，他带领探险队离开英国，向南极点发起冲刺。当时，挪威人罗阿德·阿蒙森也率领着另外一支探险队向南极点进发。两支队伍展开了激烈角逐，都想争取"国家荣誉"。结果阿蒙森队于 1911 年 12 月 14 日捷足先登，而斯科特队则于 1912 年 1 月 16 日才抵达，比阿蒙森队晚了一个多月。不幸的是，在返程途中，南极寒冷天气提前到来，斯科特队供给不足，饥寒交迫。他们在严寒中苦苦拼搏了两个多月，终因体力不支而长眠于皑皑冰雪中。

⬦ 驶向南极

阿蒙森首次登上南极点之后的第 33 天，英国的斯科特极地队也到达了南极点，但与阿蒙森相比，他们的经历和后果有着天壤之别。

1904 年，斯科特完成首次南极考察回国后，就忙于四处讲演和著书立说。他在出书的过程中，结识了文艺界的名人詹姆斯·巴雷。通过他，斯科特认识了比自己小 13 岁的女雕刻家凯思琳·布鲁斯小姐。1908 年 9 月，他俩结婚了。1909 年 1 月，布鲁斯写信告诉斯科特她怀孕了。这叫他欣喜若狂，因为他有了一种强烈的家庭意识。他在回信中，提到可能派他去领导另一次南极考察之事。他想尽快晋升为将军，他认为唯一的途径是重新组织领导南极探险队，成为第一个到达南极点的人。

斯科特

斯科特对他领导的 1901～1904 年的南极探险记忆犹新。那是一个偶然的机会，在拜访皇家地理学会会长马卡姆先生时，斯科特产生了当探险家的想法，并且组织领导了这次南极探险。通过布设仓库和组建支援队，他开创了极地探险的新办法，并且创造了到达离南极点只有 870 千米的南纬 82°17′ 的世界纪录。这次探险的辉煌成就，使他名利双收，从上尉晋升为中校。要顺利地晋升为将军，成功与否在此一举。

与此同时，传来了一则新闻，使他大为吃惊。曾在他手下的沙克尔顿，于 1909 年 1 月 9 日率领英国南极探险队到达南纬 88°23′ 的地方，离南极点只有 180 千米了，这更加激起他重返南极的念头。

斯科特组织了庞大的南极探险队，包括 7 名军官、12 名科技人员、14 名海军士兵，于 1910 年 6 月离开欧洲。他公开宣布，其目的是纯科学性的。但谁都不怀疑，他的主要目标是到达南极点。

斯科特仍然相信人拉雪橇的优越性胜过其他运输方式。但他对沙克尔顿

狗拉雪橇是人在冰雪上行走的主要手段

使用马有极深的印象。斯科特对用狗有偏见，而认为用机械运输有前途，因此，他这次带了 3 辆履带式拖拉机。为此，著名极地探险家南森对他说，如果一只狗倒下了，它可以为其他狗，甚至人提供食物；但如果是用机械，它坏了，只能成为冰原上一堆浸透油渍的废铁。可是，南森的忠告，并未打动斯科特那颗墨守成规的心。

1910 年 10 月中旬，斯科特在墨尔本收到阿蒙森拍给他的电报，当时他对此的反应没有记载，但一年后，去南极点前给他妻子的信中却说："我不知道阿蒙森在想什么……我决定按我要做的去做，不受他的影响。任何竞争的企图必定破坏我的计划，不用担心，这件事对我没有什么折磨。老实说，我很少考虑它。"

"新大陆"号船长 57 米，总吨位 392 吨，最大航速为 6.5 节。1910 年 10 月 25 日，斯科特乘"新大陆"号离开新西兰。12 月 2 日的上午，船进入西风带，遇上了猛烈的暴风，恰在这时，船的蒸汽泵堵塞了，水漫入机舱。全船人员经过 48 个小时的苦干，才使船转危为安。还有令人惴惴不安的是在此期间失去了 2 匹马和 1 只狗，为减轻船的载荷，约 20 吨重的煤油被投入海中。

12 月 9 日，"新大陆"号进入浮冰区。茫茫的海面上，漂浮的冰块、冰山封锁了航道，前进十分困难，有时前进两三千米竟要花十几个小时。斯科特本想在圣诞节前赶到麦克默多

拓展阅读

墨尔本

墨尔本是澳大利亚第二大城市，是有"花园之州"之称的维多利亚州的首府，是知名的国际大都市，城市的绿化面积高达 40%。1901～1927 年，墨尔本是澳大利亚的首都。墨尔本也是澳大利亚的文化重镇和体育之都。墨尔本拥有全球最大的有轨电车网络，也是全澳大利亚唯一有有轨电车的城市。

海峡，但一直拖延到 1911 年 1 月 3 日，他们才来到克罗泽角近海，从望远镜中能看到他们上次设下的通信站。

威尔孙希望在这儿设营，因为这里是帝企鹅繁殖地，能够对帝企鹅进行整个冬天的考察。然而，巨浪翻滚，船无法靠岸卸货，于是，他们改道去麦克默多海峡。第二天，来到罗伊兹角和冰舌之间的埃文斯角，斯科特决定在这里建基地，船靠在离岸 23 千米的固定冰旁后，他们立即开始卸货和设营。

到 1911 年 1 月 6 日，米尔斯用 2 支狗队运输，2 天后奥茨套上了一些马。1 辆履带式拖拉机在冰缘破裂时掉入海里，但另 2 辆在从船到岸的冰面上运输货物中大显身手。到 1 月 21 日，一幢独具英国海军海岸建筑风格的小房，在埃文斯角落成了，所有物资也都卸载完毕。4 天后，斯科特就带队去布设仓库。

布设仓库

斯科特带领着 12 人、8 匹马和 2 支狗队出发了。他们没有一个人是新手。3 周以来，他们每天工作 17 个小时，抽空吃饭和睡觉。鲍尔斯在出发前的 72 小时没合眼，一直工作到交班的最后一分钟。

1 月 29 日，他们到达离基地 38 千米的罗斯冰架，但实际行程却有 145 千米。他们在这里放下一些马的饲料，取名为安全营地。在这一望无际的积雪上面，人可用滑雪板滑行，而马却无能为力，雪深过马肚子，马只能挣扎着缓缓行进。

2 月 12 日，他们到达明娜崖，被暴风雪困了 3 天，在离埃文斯角 86 千米处设了一个仓库。此时，2 匹马不行了，训马专家奥茨建议杀了做狗食，但斯科特舍不得，派埃文斯·福德和基奥恩把 3 匹最弱的马送回去。他俩在 15 天后才回到安全营地，但仅幸存 1 匹马。

布设仓库队共有 5 人、5 匹马和 2 支狗队。狗因为缺少食物，饿极了，一支狗队竟向马发起了攻击，差点把一匹马咬死。

这是一次不够理想的旅行，到 2 月 16 日，他们才到达南纬 79°27′，离斯科特计划在 80°的主仓库目标还差 67 千米。他深知，若继续往前走下去，有可能遇到南极寒冷黑夜的危险，后果将不堪设想。于是，他们就在这里把 1 吨重的燃料、食品卸下雪橇，设了一个仓库，称为一吨营地，然后赶忙返回。

事实表明，狗和马不可能一起齐心协力来运输，因为它们前进的速度不同，要使它们同步，既损狗又耗马。因此，在返回途中，斯科特带狗队在前，而奥茨率马跟在其后。虽然路上一支狗队掉入冰缝，斯科特对其营救花了些时间，但仍在奥茨之前（2 月 26 日）到达安全营地。

在此期间，彭内尔上尉驾船访问了鲸湾的阿蒙森之后，也下船到这里，并给斯科特留下一封信。当斯科特得知阿蒙森在鲸湾时写道："我们必须进行下去，仿佛这件事没有发生一样……为了我们国家的荣誉，我们必须干得更出色，不必惊慌失措……阿蒙森的计划对我们来说是非常严重的威胁。他离南极点的距离比我们近 96 千米……我怎么也想不到他能带那么多狗……他的旅行计划似乎使他处于优势地位……他能在来年早些时候出发，而我们使用马就不大可能。"

2 月 28 日，鲍尔斯、加勒德和克林 3 人，带着 5 匹马去棚屋角。旅行一开始就倒下了 1 匹马，雪橇由 4 匹马拉着前进。他们疲困之极，夜间就在看上去是坚固的浮冰上宿营。谁知半夜里，这块浮冰神不知鬼不觉地离开岸边向大海漂去。他们醒来时才发现自己竟是在一块小浮冰上过的夜，而马却在另一块浮冰上。但到黎明时，他们和 4 匹马所在的小块浮冰又神秘地合拢在一起了。第二天，他们又遇上以海豹为生的虎鲸的袭击。这些不速之客出现在他们的浮冰周围，有的还把头伸到浮冰的边缘，力图把浮冰掀翻，使人、马掉入海中，弄到一餐美味佳肴。在这千钧一发之际，机智勇敢的克林，一跃跳到另一块小浮冰上，奋力用雪橇把它划到岸边，上岸后，飞快地奔向安全营地求援。6 个小时后，他带来一些人和一匹马，用绳子往回拉浮冰，但此时正值退潮，好不容易才把人乘坐的浮冰拉到岸边，而 4 匹马所在的浮冰仍向海里漂去。他们只好忍痛开枪，把它们射死喂了虎鲸。1 周后，他们到达棚屋角，6 周后才回到埃文斯角基地。此次布设仓库的旅行，结果令斯科特极为不安，狗虽无伤亡，但带去的马无一剩下，况且还没有到达预定地点。

冬天来临了，埃文斯角的小屋是一个令人愉快的地方，它建在海滩坡上，背靠岩石，能避暴风雪的袭击，墙为双层，中间装满海草，地上铺有地板。小屋的两个房间被分为外面的厨房和卧室、里面的军官食堂。斯科特有一小间陋室。

小屋里夜间用乙炔照明，用煤取暖，因此军官得轮流值班，以防火灾。

气象观测，白天由辛普森，夜间由值班军官进行。他们有一个很好的图书馆，带有许多唱片和留声机，每周有 3 个晚上，举行各种讲演会。这里是一片繁忙的景象：食物的包装，马狗的训练，雪橇、衣服和拖拉机齿轮的制作、维修或改进。

基本小知识

乙炔

乙炔，俗称风煤、电石气，主要作工业用途，特别是烧焊金属方面。乙炔在室温下是一种无色、极易燃的气体。纯乙炔是无臭的，但工业用乙炔由于含有硫化氢、磷化氢等杂质，而有一股大蒜的气味。

斯科特等人到达南极点

冬去春来，斯科特开始准备向南极点进发了。他把人员分成 4 支援队，每队 4 人，每队独立，但人员可以互相调换，拖拉机、狗在希望山以后使用。他计划 1 支支援队从希望山返回，另 3 支支援队开始攀登比德莫尔冰川，大约上到半路，又 1 支支援队返回，从剩下的 2 支支援队中挑选出 4 人组成极地队，担负到达南极点的重任，其余 4 人返回。

斯科特一行在南极

每件事情都是按 4 人设计的，雪橇是由 4 个人拉着，每个帐篷睡 4 个人，炊具仅供 4 人用，每周定量按 4 人包装。

斯科特认为，最困难的旅程是到达希望山。过了希望山，解除动物的运输，由人拉着雪橇，这似乎是最举止文雅的旅行。

1911 年 10 月 24 日，埃文斯上尉等 4 人，驾拖拉机离开棚屋角，要开到南纬 81°31′，在那里等待主队。但他们离开棚屋角只走了 64 千米，拖拉机的注油系统就坏了，修了半天也不顶用，最后只得像南森说的那样成了一堆废铁，扔在雪地里。埃文斯拉着半吨补给品向约定地点前进。11 月 15 日，他们到达胡珀山，并在那里设下胡珀仓库。

埃文斯踏上旅途后，斯科特和其他人于 11 月 1 日和 2 日离开棚屋角。他们在 11 月 15 日到达一吨营地。（同一天，阿蒙森在南纬85°建立了仓库，并攀登到贝蒂山寻找过山通道）。他们补充了仓库的燃料和食品，对仓库进行了重建，把红色的煤油桶放在顶上作标记。斯科特计算，从此处往返南极点，需要每天平均 24 千米的速度，然而令他担忧的是，前一段的速度一天只有 16 千米。

可是，在后来的 16 天中，他毫不费力地保持着平均速度，按时到达了胡珀山。11 月 24 日，第一支支援队返回，不是原计划的 4 人，而是改为 2 人返回，这是斯科特的临时决定。

在攀登比德莫尔冰川的第一阶段，斯科特认为事情进展的并不坏。尽管他比 1908 年沙克尔顿的进度落后 5 天，但他的补给品的状况要好得多，全队人员身体强壮。

事情仅仅是刚刚开始，道路是险峻的，地面崎岖不平，暴风雪随时可能袭击。但他们能够每天行进，只在经过最险恶的地方，才不得不分段运雪橇。到 12 月 16 日，他们比沙克尔顿的时间表晚 6 天，但 5 天后，又赶上了 3 天。

又 2 支支援队（共 4 人）回去了，现剩下 8 人继续前进。斯科特停止了每天坚持平均速度的尝试，改为记时法。每天拉雪橇前进 9 个小时，加上装卸货物的时间，每天平均工作 15 个小时，没有星期天，只在天气阻止前进时才休息。

圣诞节这天是愉快的一天。他们和往常一样拉着雪橇，双份定量全吃完，外加圣诞布丁、生姜和一小杯白兰地。斯科特确定了到达南极点的极地队的最后人选，改变了原来 4 人的想法，由 5 人组成。

斯科特亲自领导的极地队的成员有：鲍尔斯，身强力壮，是斯科特专为极地队选择的；威尔孙，身材瘦小，体力不强，39 岁，有行医资格，但已几年未实践，他是作为一名动物学家参加考察队的，他自从参加"发现"号考察以来，就同斯科特的关系十分密切；埃文斯，是占了上士的光，因为斯科特不想把极地队说成是军官队；奥茨，是陆军上尉，专管那些可怜的马，对这次长途旅行立下了功劳，又是陆军代表。没有选入极地队的 3 人，恋恋不舍地踏上了返回的征途。

1912 年 1 月 4 日，极地队出发前，他们把雪橇砍短了，而且对滑动装置进行了修理。在干这件事的时候，埃文斯不小心割破了手，但没敢报告，唯恐失去到南极点的机会。到 1 月 7 日，他的伤处引起腐烂，由威尔孙来处理，在那抗生素尚未问世的年代，他对这种伤情束手无策。

第二天，他们穿过沙克尔顿创造的最南纪录地点。这里提示斯科特，要么，到达不了南极点，要么，到达了南极点，但可能回不来。因为鲍尔斯的伤寒严重，埃文斯的手伤越来越重，但他不可能提出来停下休息。

他们在距离南极点 48 千米处设了最后一个仓库，带着 4 天的食品供他们往返 96 千米到最前面的一个仓库期间使用。这样安排，几乎没留任何余地，斯科特也意识到这有点铤而走险。

1 月 16 日，当他们行进到距离南极点不到几千米时，斯科特在日记中写下这样一段话："我们向前望去，看到了远处有一个黑点，……我们走近一看，这个黑点原来是系在雪橇上的一面颜色发黑的挪威国旗，附近留下许多残物，有雪橇滑行的痕迹……狗爪的痕迹在雪地上格外明显，显然有许多狗来过这里。全部经过正如伦敦已经知道的，挪威人已捷足先登，抢先抵达南极点了。这是一次毁灭性地打击！我为我忠实的伙伴感到痛心……我们的全部理想都破灭了，留下的只有精神上的痛苦和忧伤。"

这一天，他们到达了南极点，发现了一架帐篷，里面有一些被抛弃的工具和三条袋子，袋子里装着两打未开封的手套和袜子。另外，还有阿蒙森给斯科特的便条和一封信。阿蒙森在便条中请求斯科特把这封信转交给挪威国王。他们对这架帐篷拍了照片，并画出了它的图样，然后，升起了英国国旗，并对这面旗也拍了照片。

➡ 风雪中捐躯

他们在南极点待了 2 天，重新确定了南极点的位置。测得的结果，与阿蒙森确定的南极点只差几百米。这个误差可能是仪器的误差引起的，也可能都不那么准确。

1912 年 1 月 18 日，他们开始返回。斯科特在日记中写道："就这样，背朝着我们内心渴望到达的目标离去，我们前面还有漫长的道路，必须靠自己拉着补给品徒步走完，别了，黄金般的梦想！"

最初，他们遇到了几周以来的第一次顺风，他们在雪橇上装上"帆"，一天行进 32 千米。此时，有两件事令斯科特担忧：一是天气，另一个是埃文斯的健康。当时仲夏刚过，天气正在变坏。埃文斯一直虚弱，没治好的手变成冻伤。从埃文斯角到极地高原，他是中流砥柱，但自从受伤以来，几乎不能拉雪橇了。

这些天来，白天的工作未减，行进路上，既无欢乐又无歌声，只是每天 9 小时的艰难跋涉，斯科特的日记记载着，队员们一个又一个地受伤致残，其中有的相当严重：

"1 月 28 日，埃文斯的 5 个手指被冻坏。奥茨的大脚趾由蓝变黑。

1 月 30 日，威尔孙的腿扭伤了。

1 月 31 日，埃文斯的指甲掉了 2 个。奥茨的脚趾大多变黑。

2 月 2 日，斯科特跌倒了，肩膀严重碰伤。

2 月 5 日，埃文斯掉了 3 个手指甲，鼻子开始化脓。"

虽然他们经受着病魔的折磨，但仍然能够顺利地行进，一个原因是顺风，另一个原因是下坡。自从离开南极点以来，他们只下降了 300 米，但一路上至少是沿下坡走。

2 月 7 日，他们回到比德莫尔冰川的源头，从仓库里捡起只够用 3 天半的定量，奔向该冰川半路的云标山。斯科特在这里给自己和鲍尔斯发了一张无疫证书，威尔孙的腿正在好起来，只有埃文斯令人担心。

食品太紧张了，3 天半的食品，他们却用了 6 天。他们行进缓慢，最终到达了云标仓库，取出了 4 天的食品和一些地质样品。

随着高度的下降，埃文斯的病情没有好转。他的头和脸全是化脓的冻疮，手指甲和脚趾甲都掉光了，话也说不清了。2 月 17 日，埃文斯与大家拉开了很长一段距离，受惊的同伴们赶快折转回去，走到埃文斯跟前。12 时 30 分，埃文斯默默地离开了人世。

他们把埃文斯装在睡袋里，埋在一堆冰块下，斯科特为他举行了简短的葬礼。之后，他们就赶路了，在同一天到达了罗斯冰架。在此之前的几周，在尾风的帮助下，他们每天能够前进 32 千米。从那天开始，尾风逐渐消失并平静下来，减少了前进的推动力，每天前进很少超过 16 千米，但他们对回到基地毫不怀疑，并且一路上谈论着他们到达基地后要做些什么。

他们蹒跚地走着，终于来到了南冰障仓库，本想狼吞虎咽地吃个饱，但令他们大失所望的是煤油神秘地流光了。他们知道，煤油流失是油桶的焊锡在极低温度下冻裂所致。这时，斯科特在他的日记中，第一次对他们是否能回到埃文斯角感到怀疑。

1 周后，在中冰障仓库的煤油也严重流失，除非他们加快步伐，否则到不了 112 千米的胡珀山。他们的煤油只够用 5 天了。

当他们的煤油只剩下一点点时，气温突然急剧下降，奥茨的双脚已冻得完全失去了知觉。斯科特在 3 月里的日记中已经清楚地表明，他和他的同伴对生存下去的勇气一天天地减弱，绝望的情绪日复一日地增强。

3 月 15 日，奥茨昏睡了一夜，希望再不醒过来，但是清晨他苏醒了。当时正值暴风雪时刻，奥茨说："我走了！走了！或许我不会很快回来。"然后他就迈着冻伤的双脚，蹒跚地进入暴风雪中，从此斯科特他们就再也没见到他。

斯科特的最后一篇日记是 3 月 29 日写的。日记中说："自 21 日起暴风雪一直在刮。20 日这天，我们每人只有 2 茶杯燃料和能维持 2 天的食品。我们每天都准备启程走完这 17 千米的路程，赶到救命的仓库，但是，我们却无法走出帐篷。假若我们走出去，那么，暴风雪一定会把我们卷走，并埋葬于茫茫大雪原中。我再也想不出更好的办法。我们要坚持到底，但是，我们的身体已经虚弱到极点了，悲惨的结局马上就会来到。说起来也很可惜，恐怕我已经不能再写日记了——罗伯特·福尔肯·斯科特。"

他的日记的最后一句话是："看在上帝的面上，务必请照顾好我们的家人。"

名垂史册

1912 年初，"新大陆"号又来到埃文斯角，准备接应斯科特领导的极地队，但是，一直等到 3 月初也没有得到关于斯科特等人的任何消息。为了不使船被海冰封冻在麦克默多海峡，他们仅留下 13 名志愿者之后就返回新西兰了。基地上的人们无不为斯科特等人的安危担忧。由于此时为南极极夜，他们无法出去寻找斯科特等人。

到10月28日，南极夏天刚降临，阿特金森就率领一支10人搜索队出发了。2周后，他们来到一吨营地，见还未启用，知道斯科特没有到达这里，就又往南搜索。走了17千米，发现一个雪堆，他们扒开看时，下面是一架帐篷，里面躺着3具尸体。阿特金森取出极地队沿途采集的标本和煤油灯旁的斯科特的日记，然后把帐篷放倒，堆上冰雪，为攀登南极点英勇献身的探险家们举行了葬礼……

斯科特领导的英国极地探险队的结局是悲惨的，但他们勇敢顽强的精神和悲壮的事迹，却在南极探险史册上谱写了光辉的一页。他们所采集的17千克重的珍贵地质标本和用心血写下来的日记，至今仍完整地保存着，成为南极科学研究的宝贵史料。

沙克尔顿的南极探险

极地探险家沙克尔顿爵士带领"坚忍"号于 1914 年 8 月从伦敦出发，这次探险的目标是徒步横穿南极大陆。在行进过程中，浮冰将船团团围住，10 个月之后"坚忍"号沉没。沙克尔顿爵士率领其他两名队员在海上漂流 17 天，并翻越南乔治亚山脉，为其他受困队友寻求帮助。28 人最后全部成功获救。

最接近南极点的记录

　　欧内斯特·沙克尔顿，英国南极探险家，1874 年 2 月 15 日出生于爱尔兰的基德尔郡，在十个孩子中排行第二。在沙克尔顿 10 岁时，全家迁往英国。11 岁时他在伦敦南部才第一次到学校上学；13 岁时被送到达利奇学院上学；15 岁后他宣布要到海上去生活。在父母的帮助和鼓励下，他获得了一个体面的船舱服务员的职位。1890 年他开始了他的海上生活。在海上他度过了 4 年的学徒生活。1898 年他 24 岁时获得了船长执照，这样他就有资格担任任何一艘商船的船长。1904 年他与伦敦女孩艾米利·多尔曼结婚。

　　1899 年，沙克尔顿加入皇家地理学会。1900 年皇家地理学会和另外一个科学团体皇家学会决定请英国出资组建一个国家南极探险队，沙克尔顿申请加入。1901 年初他被录取。探险队由罗伯特·斯科特领导，南极探险船为"发现"号。1901 年 7 月 23 日，"发现"号启程，船上共有 38 人，沙克尔顿在船上协助科学家进行科学实验，他还能鼓舞船员士气，并发明各种新东西供大家消遣，他甚至编了一份船上出版物《南极时报》。出发后的第二年，"发现"号到达麦克默多海峡。

　　1902 年 11 月，罗伯特·斯科特挑选沙克尔顿和船上的医生爱德华·A. 威尔孙跟他一起，准备到达南极点后返回。他们的南极探险经验不足，以为个人毅力可以克服种种困难。他们使用了狗，但却不能熟练地驾驭它们。到了圣诞节，3 人都出现了坏血病的症状，威尔孙医生还出现了雪盲症，沙克尔顿情况最严重。最后他们被迫在那一年的最后一天返回。这时他们距离南极点约 800 千米。1903 年 2 月 3 日，3 个受尽折磨的人回到船上。

　　1903 年 3 月，斯科特强行将沙克尔顿遣送回家，并把去南极点的失败归咎于沙克尔顿的病。

　　1907 年，沙克尔顿自己组织一支南极探险队。这也是英国王室的主意，国王和王后接见了沙克尔顿，王后赠给他一面英国国旗，让他插在南极。

　　探险船"猎人"号出发后到达南极海岸，船员们在南极海岸建起了营地。沙克尔顿把营地变成了一个温暖的家。1908 年 11 月 3 日，沙克尔顿和他的 3 个伙伴开始向南极点挺进，到了 11 月 26 号，他们已经打破了"发现号"探险的纪录了。由于当年和斯科特的南极探险使用狗运输没有成功，沙克尔顿这次使用了一种中国东北种的小马来运输，结果证明也是不成功的。在挺进南极的过程中，最后4匹小马掉进了一个冰窟窿里，还差点把一个伙伴也拽进去。这个事件几乎排除了他们到达南极点的可能性。

　　他们又艰难的走了1个月，1909年1月9日，他们向南极点作最后的冲刺，最后把王后赠的国旗插在了南纬88°23′的位置上，此地距南极点只有180千米。大家已经精疲力竭，他们4个人不得不日夜兼程往回赶，以便在饿死前赶回船上。4个人都染上了严重的痢疾。为防止船等不及他们而开走，沙克尔顿和另一个较强壮的伙伴先出发，把另2个人留在一个储备丰富的补给站。出发的伙伴在3月1日获救。刚上船的沙克尔顿坚持亲自带队去接人，2天后他们带着两个掉队者回到船上。

　　沙克尔顿作为一个英雄返回英国，立刻被授予爵士称号。他的队伍比任何人在当时都更接近南极点，因此他享誉全世界。

➡ "持久"号沉没入海

　　但是，沙克尔顿并不满足于已经取得的成就和获得的荣誉，决心再进行一次尝试。

　　1914年7月，沙克尔顿率领由11名科学家和17名船员组成的南极考察队，乘"持久"号考察船离开了伦敦，开始了他领导的第二次南极考察。鉴于南极点这块地理发现金牌已被阿蒙森和斯科特所摘取，他不想追随他们的足迹，要走自己的路。于是，他把横穿南极大陆作为这次探险的目标，先从威德尔海海岸出发，途经南极点，最后到达罗斯海边缘的麦克默多海峡。

海军大臣温斯顿·丘吉尔给予了
沙克尔顿前进的力量

　　"持久"号起航这天，恰巧第一次世界大战爆发了，这使沙克尔顿进退维谷。一方面，他这次为帝国考察，准备了4年之久，花费了巨额的资金，如果不去，他就要偿还全部损失；另一方面，爱国主义和民族自豪感是他组织这次考察的宗旨，现在正是他为国争光的时刻，决不能退缩。他立即召集全队人员，说明了情况，大家都表示赞同。于是，他就打电报给统管英国南极考察的领导机构——海军部。答复很简单，"继续进行"。几小时后，海军大臣温斯顿·丘吉尔又打来一封长长的电报，说明英国政府要他继续进行南极考察的理由，这才解除了沙克尔顿的疑虑。

知识小链接

丘吉尔简介

温斯顿·丘吉尔，政治家、画家、演说家、作家以及记者，1953 年诺贝尔文学奖得主（获奖作品《第二次世界大战回忆录》），曾于 1940～1945 年及 1951～1955 年两度任英国首相，被认为是 20 世纪最重要的政治领袖之一，带领英国取得了第二次世界大战的胜利。

浮冰给沙克尔顿带来很大的麻烦

沙克尔顿向莫森购买的"极光"号考察船，也与"持久"号同时出发，它的任务是把一支支援队和部分燃料及食品运送到罗斯海沿岸，由该支援队穿过比德莫尔冰川布设一些仓库，供横穿南极大陆的沙克尔顿使用。

1914～1915 年，南极夏季期间，威德尔海的冰情异常严重。"持久"号在 1914 年 12 月 5 日离开南乔治亚岛的一个捕鲸站后，在快要到达最终的停靠港——瓦塞尔湾时，被冷酷无情的海冰死死缠住，无法脱身。船体周围起初是半融状的海冰，但不久船就被封冻在长 5 千米、宽 4 千米的大浮冰中，无法前进和后退，再加大马力也无济于事，只好随冰漂流。突然，一股强劲的北风吹来，使封冻船的浮冰迅速前进。正在这时，又刮来一股神秘的南风，与强劲的北风相互抵消，才使他们避免了一场灾难。沙克尔顿的横穿南极大陆的计划刚刚开始实施，船就陷入冰海之中，身不由己地向西北方向漂移，这使他极为不安。在漂流到南纬70°时，冰山向他们袭来。

在巨大冰块的冲击下，船体被击穿了0.6米大的洞，海水涌进船舱。他们连续往外抽了3天海水，并且拼命地去堵洞口，但是毫无用处。沙克尔顿没有办法，只好做出弃船的决定。于是，人们携带3只小艇、雪橇和食品，心情沉重地离开了那垂死挣扎的"持久"号船，来到近处运动的大块浮冰上。这里，他们距离可能得到援助的地方有1760千米。

沙克尔顿离开拥挤着27个人的帐篷，警惕地注视着四周冰情的变化。他知道在这恐怖的冰海中，随时都有被海水吞没的可能。身为一队之长，虽然也很疲劳，但他不敢休息。忽然，他发现一条蛇形冰缝迅速裂向帐篷，情况万分紧急。他赶忙喊醒睡熟的人们，摸黑把帐篷转移到邻近的一块浮冰上，这才转危为安。

"持久"号在威德尔海陷入积冰

"持久"号一连3个星期忍受着巨大冰山的相互冲撞，但它仍然被冰冻在浮冰上。人们冒着生命危险，不时地到船上寻找些有用之物。有一天，几只帝企鹅摇摇摆摆地走了过来，一齐抬头盯着破船，专心注目之后，发出了挽歌般的叫声，声音听起来令人惊恐不安。

1915年11月22日，历经冰山折磨的"持久"号再也支持不住了，渐渐地沉没入海。沙克尔顿一行仍然停留在漂移的海冰上。船沉了，使他横穿南极大陆的计划化为泡影。现在，最重要的是如何确保大家的生命安全。沙克尔顿义不容辞地挑起了这副重担，他在商船上当学徒期间，到过世界许多地方，见多识广；他在历次南极探险中表现出众；尤其他那做事果断、不畏艰险的大无畏精神和崇高理想，一向被大家所崇拜。此时此刻，全队人的性命都寄托在他的身上。被冰海围困的沙克尔顿本人，当然不能有其他人那种恐惧不安的表现，他像平时那样地沉着和坚定自若。他和大家一道分析了所处环境的危险性，以及得到援助的可能性。

▶ 登陆象岛

南极的夏季到了，帐篷里特别闷，浮冰的表面渐渐变成冰泥。他们几次想移动一下帐篷，都因冰不牢固而宣告失败。食品也成了问题，虽然经常派人去抓些海豹来吃，但也不得不把 4 支狗队的狗射死充饥。人们的情绪变得急躁不安，有的因一些生活琐事争吵不休。此时，沙克尔顿很理解大家的心情，他耐心向大家解释，人与人之间的某些矛盾，会导致战斗力的衰退，这种衰退，就意味着生与死两种截然不同的前途。他鼓励大家，务必要齐心协力，同甘共苦，克服困难，争取胜利。

圣诞节和元旦快到了，要想到达波利特岛显然是不可能了。他们仍然待在冰上随冰漂流。现在唯一的希望是漂流到克拉伦斯岛或象岛，若不能到达其中任何一个岛的话，就只得听任大西洋的摆布了。

知识小链接

克拉伦斯岛

克拉伦斯岛是南极洲的岛屿，属于南设得兰群岛的一部分。东面有两个小型岛屿，岛屿长 18 千米、宽 5 千米，岛上最高点海拔 2300 米。阿根廷、智利和英国均宣称拥有主权。

直到 1916 年 4 月 9 日，他们随冰漂流到碎冰边缘，小船周围冻的冰化开了，于是三只小船都顺利地下水了。就在这天夜里，一架帐篷和一名队员落入水中，经沙克尔顿的奋力抢救，那个还在睡袋里的落水者才幸免一死。

现在他们不是随冰漂流了，而是划着小船前进。冰山激起的巨浪，不时地向小船扑来，水手们的衣服被海水打湿，不一会儿就冻成了冰人。小船上没有淡水，食品也不充足，他们饥寒交迫，还要忍受着盐水刺激冻伤部位的剧烈疼痛。他们白天划船前进，夜里在冰上扎营休息。4 月 16 日，即"持久"号遇难的第 6 个月，沙克尔顿终于率队员们登上了象岛。这是一个小岛，找不到任何可以救命的东西，只有一些企鹅栖居在这里，但不久也都迁走了。沙克尔顿认为，他们不能在这里冒寒冬的威胁。于是，他决定带 5 个人，驾驶长 6.85 米、宽 1.8 米的小艇"詹姆斯·凯尔德"号航行到南乔治亚岛，以寻找捕鲸者的援助。

这是极地探险有史以来最著名的一次航行，因为他们面前所处的是世界海洋中风暴最多最猛烈的海区，即使是大船，沉没于惊涛骇浪的海难也屡见不鲜，况且这只小艇只有 6 米多长，这简直是对大自然的嘲弄。

南乔治亚岛，沙克尔顿曾到
这里寻找捕鲸者的援助

沙克尔顿虽然在海军中服过役，但对驾驶小艇并不在行。幸运的是，沃斯利中校有驾驶小艇的丰富经验，还有一个队员也曾在这片海域当过捕鱼手。于是，他们动手加固了小艇，用帆布把雪橇和箱盖盖好，放在前后甲板之间的空余地方。队员们冒着呛人的气味，烧起海豹油，把冻得硬邦邦的帆布，一寸一寸地烤软，缝起来，做成一张风帆。

▶ 艰难求救路

4 月 24 日清晨，沙克尔顿等 6 人乘"詹姆斯·凯尔德"号，带着够 30 天用的食物、淡水和燃料，动身出发了，留在岛上的人们，以热茶为他们送行。他们首先通过一片奇形怪状的碎冰群，当夜幕降临时，他们冲出碎冰群，象岛在他们眼里只是海平面上的一个小黑点了。

沙克尔顿把队员分成 2 班，3 人观察和操纵小艇，3 人挤在甲板下潮湿的睡袋里休息，4 个小时换一次班。然而，小艇随着风浪上下颠簸，休息的人被弹上弹下，得不到安宁。风浪又不时地把海水涌进船内，他们需不断地往外掬海水。

　　激励他们不断前进的是船上的定时"热餐"。烧饭时，两名队员坐在小艇最宽的地方，把汽化油炉夹在双脚之间，再由炊事员汤姆·克林煮汤。他们喝着汤，吃着饼干和糖块，沙克尔顿还要求队员们，在接班时必须喝杯奶粉做成的热牛奶。

　　他们就这样在漫无边际的南大洋中航行了 14 天，航行了 1280 千米，终于来到了南乔治亚岛。沃斯利驾驶着小艇，慢慢地靠近海岛。谁知这时海上突然狂风大作，小艇被吹离了岸边。他们在海中漂泊了好几个小时，后来风向变了，又把小艇吹向岸边。6 个疲惫不堪的人连续奋斗了 9 个小时，尽管海岸近在咫尺，可他们却无法靠岸。他们眼看着一艘从阿根廷开往南乔治亚岛的 500 吨的大船被风吹翻，沉入海底。

　　第二天清晨，沙克尔顿试图找一个登陆点，但狂风依然不停地刮，淡水用完了，他们就口干舌燥地整天与风搏斗，直到夜幕快要降临时，船才在金哈康湾靠了岸。

　　他们把船上的储备品一一搬上了岸，又试图把船也拉上岸，但没有成功。沙克尔顿留下一人看船，其他人就地休息，过了几小时，全体队员出动才把船拖上了岸。

　　他们的命运实在太糟了，因为他们要寻找帮助的捕鲸站在岛的另一面，要到那里，或是横穿小岛，步行而去，或是乘小艇前往。小艇现在破烂不堪，无法再继续航行了，而且 2 名队员的身体极为虚弱。于是，沙克尔顿决定先休息几天，边恢复体力，边准备食物（捕杀海象）。

　　6 个人当中，只有沙克尔顿、沃斯利和克林的身体还能顶得住，于是，沙克尔顿决定他们 3 个前去求援，其他 3 人留下。5 月 19 日，沙克尔顿等 3 人带着汽化油炉、1 套炊具、1 把手斧、48 根火柴和 15 米长的登山绳及一些食物出发了。他们在刺骨的寒风中走着、爬着，翻过了一座 1200 米的高山，最后来到了一个险峻的山坡旁。他们好不容易爬上了山坡，可是下面漆黑一团，他们 3 个只好手拉手，坐着滑了下去。这是他们整个旅程中最危险的一段路程，因为不知道前面等待着他们的是什么。但命运这次没有捉弄他们。当他们下滑一阵子休息时，已下滑了 1.6 千米，这等于他们历尽艰辛爬上山坡的一半距离。在以后的行程中，他们不时用指南针来校正方向，也不时停下来休息并吃点东西。最后，经过 36 个小时的艰难行进，这 3 个衣衫褴褛、污秽不堪的人，披着满头长发，终于找到了挪威捕鲸站。捕鲸站的管理员李利船长，是沙克尔顿和沃斯利的好朋友，当他见到这3个人的时候，竟然连沙克尔顿也认不出来了。

♥▶ 成功救出队友

12小时后，一艘捕鲸船载着沙克尔顿、一名英国捕鲸者和一名挪威志愿船员，向象岛驶去。但不久就被110千米宽的浮冰挡住了，几经努力都未成功。因该船只带了10天的燃料，又没有破冰能力，只好撤回驶向福克兰群岛。在这里，沙克尔顿第一次与外界取得了联系。当时正值战时，英国海军部没设置援救南极考察队的机构，但是，沙克尔顿与巴西的乌拉圭亚纳的拖网渔船取得了联系。在6月份，他驾渔船去象岛，看到了象岛，但没能靠岸，因为只带了3天用煤，他不得不回到福兰克群岛。在那里，他紧盯着麦哲伦海峡，看是否有英国的货船经过。然而，他失望了，观察了许久，也未见一艘英国货船经过。他只好租了一艘船龄40年的纵帆船，去搭救象岛上的22名队员。可是，出师不利，再告失败。8月，他借到智利的一艘拖船，第四次去象岛。这艘船是钢壳船体，不耐冰，但非凡的沙克尔顿找到了一条容易接近象岛的航道，在8月30日终于到达了离别四个半月的象岛。岛上的人们，在最后的几周内，一个个饿得死去活来，但仍然坚信沙克尔顿队长会来营救他们。当船靠岸时，他们高兴得快要发疯了。简短的庆贺之后，队员们都上船返回欧洲。

此时，沙克尔顿的营救工作还没做完。与"持久"号同时起航的"极光"号，顺利抵达罗斯海沿岸后，支援队就穿过比德莫尔冰川去设置仓库，就在这期间，一场暴风把"极光"号的锚链刮断了，船受损严重，在罗斯海漂泊了几天就回新西兰了。然而，支援队的10人被弃留在罗斯岛的埃文斯角。沙克尔顿赶到新西兰找到"极光"号，很快将它修复好，就随船到罗斯岛接回岛上的支援队。至此，沙克尔顿的这次"横穿南极大陆的考察"才算告一段落。全体船员和队员得救了，无一人失踪。

1922年，沙克尔顿组织领导第三次南极考察队再度赴南极。但他到达南乔治亚岛时却突然发病，这位杰出的极地探险家不幸逝世，年仅48岁。

南极航空探险

　　在南极大陆上空飞行是很危险的，但伯德却进行过五次在南极飞行的探险活动。对南极洲，没有人比伯德测绘得更详尽的了。

　　埃尔斯沃思也进行过一次最富戏剧性的飞行。"跳高行动"计划，"风车行动"计划等也都在这里进行了尝试。

◑ 航空探险的利弊

在南极大陆上空飞行是很危险的。因为极端的寒冷经常使飞机的设备失灵，机油有可能在着陆时冻结。着陆也很困难，南极夏季阳光从白色地面上反射，分外耀眼，以至于使驾驶员形成一种错觉。结果，有的地方，在空中看起来很平滑，但它很可能是迷惑人的雪脊，这对着陆是很危险的。迅速上升的南极雾或暴风雪，在几秒钟内能使驾驶员悬浮在"牛奶的世界"里，这就是南极特有的危险天气——乳白色天空。这种现象一出现，就使能见度等于零，甚至你伸出手去都看不清五指，何况空中的驾驶员，东西南北，甚至上下都无法辨认。遇到这种天气，十有八九要出事。

导航就更困难，磁罗经在南极洲没有用，道理很简单，在南极点没有东西南北之分，四面八方都是北。南极的风驰名全球，莫森曾记录到 90 米/秒（相当于 12 级台风的 3 倍）的强烈风暴，当然，这种天气飞机无法飞行。由于南极上空瞬息万变，飞机起飞时无风或小风，但一会儿遇上大风是常有的事。风能把飞机吹离航线，因此，驾驶员不得不使用航位推算法和目测导航。暴风雪还能叫拴在地面上的飞机遭殃。在 1929 年，在伯德的副指挥 L. M. 古尔德带着两个伙伴进行一次从小美国基地到毛德皇后山脉的 2 小时飞行之前，一场暴风雪使他们固定在地面上的飞机受到损伤，这次考察计划成了泡影。

知识小链接

毛德皇后山脉

位于南极洲中部，为南极洲横贯山地的一段。从罗斯冰棚顶部向东南延伸800 千米。1911 年为挪威探险家阿蒙森发现，以挪威皇后之名命名。地势崎岖，散布有冰川。

然而，应用飞机的优点是不容置疑的。沙克尔顿和其他探险家，从地面上能够看到的范围只有约 5 千米宽的长条。他们绘图的精度取决于草图和偶尔的照片。但是，地面以上 600 米处飞机里的驾驶员，能够看到 96 千米以外的范围。使用好的航空照相机和准确的地面控制站，就能沿飞行路线测绘 192 千米宽的带状区域。如果飞机飞到 1525 米的高度，驾驶员就能在航线的任何一边发现 149 千米宽的新陆地。

乘飞机对南极大陆进行广泛的航空测量，这在 20 世纪 20 年代，算得上是一个伟大的创举。

1928 年 11 月 26 日，英国的休伯特·威尔金斯爵士和卡尔·艾尔森从欺骗岛驾机起飞，首次在南极半岛上空进行了长距离的飞行。他们根据空中观察和所拍摄的航空照片研究指出，在太平洋和威德尔海之间，至少有 4 条海峡。正当人们赞扬威尔金斯的地理学发现时，鲁米尔警告说，那里常年被冰雪覆盖，低平的谷地中也都充满着厚厚的积雪，这就使人很难分辨出是低谷还是海峡。威尔金斯的发现，直到 1936 年才被推翻，鲁米尔领导的一支英国探险队证实，那 4 条海峡并不存在。

➡️ 伯德首次飞越南极点

1926 年 5 月 9 日，美国海军上将里查德·E. 伯德曾与驾驶员弗洛伊德·贝内特一起，成功地飞越过北极点。尔后，在一次宴会上，他对阿蒙森说，他要飞越南极点。阿蒙森说："这项重要的工作，是能够完成的。你的想法很对。"

伯德和他的搭档贝内特

1928 年的晚些时候，伯德正式宣布飞越南极洲的计划。

10 月 11 日，伯德率领一支由 2 艘远洋舰、4 架飞机、4 辆雪上运输车和 50 名队员组成的庞大的美国探险队，从旧金山出发，经过赤道，驶向南大洋，于年底到达罗斯冰障。这次探险的任务，包括探测毛德皇后山脉的地质情况，弄清现在的玛丽伯德地以东的地形地貌，精确测定鲸湾和飞越南极点的空中探险。

他在鲸湾附近建立了基地，取名为小美国。

在 1929 年 11 月 29 日，伯德率领驾驶员巴尔肯、副驾驶员哈罗德·琼、摄影师阿什利·麦金利一行从小美国基地起飞。开始时，他们能够拍摄下面山脉的照片，但不久就陷入了严重的困境。飞机只有升高到 3000 米以上的高度，才可以避免撞到极地高原前面的山峰上的危险。于是，伯德命令随行人员扔下 110 千克的食品，以便减轻飞机的重量，结果飞机爬到超过山峰 120 米的高度，才安全进入极地高原上空，不久就到达南极点。

伯德回忆说：“我们在阿蒙森于 1911 年 12 月 14 日停留过的地方，也就是 34 天后斯科特待过和读阿蒙森留给他的便条的地方的上空，停留了几秒钟……那里现在没有那种场面的任何标志，只有荒凉寂寞的雪野，回荡着我们飞机发动机的声音。”

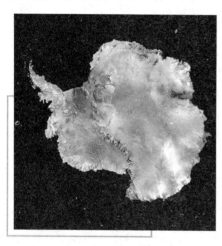

南极洲地形图

想当年，美国探险家皮尔里远征北极点共用了 429 天，阿蒙森到达南极点往返也花了 98 天，而伯德乘飞机从小美国基地起飞，经过南极点再回到原地降落，总共只用了 9 个半小时。

伯德首次考察期间，除成功地飞越南极点之外，还进行了陆上重大旅行考察。古尔德率一支陆上旅行考察队到罗斯冰架南边的毛德皇后山脉考察，结果发现该山脉是维多利亚地山脉的延续，从而确认了这样一个事实，即南极洲被一个现在称为南极横断山脉的大山脉一分为二。

伯德把他的南极考察视为美国自身的缩影，他把在鲸湾建的基地取名为小美国。伯德南极考察的财政支持者是掌握国家命脉的财团领袖：洛克菲勒和 E. 福特，还有《纽约时报》以及其他数以万计的个人和组织。《纽约时报》在伯德南极探险活动的沿途，都派出了记者。为了挑选杰出的童子军随考察队一起出发，《纽约时报》举行了全国性的比赛。优胜者 P. A. 赛普尔，19 岁，1928 年到了南极洲，他和古尔德一起成为美国“南极人”的下一代领导人。

1928 ~ 1930 年，伯德首次南极考察，观察、测绘和要求比任何其他国家考察队都多的陆地。他们从飞机上拍摄了南极洲大约 39 万平方千米的区域。伯德在从鲸湾飞往内陆的一次飞行中，他看到了以前谁都未曾见过的山区，他用爱妻的名字命名为玛丽伯德地，为美国提出了西经 150°以西大片陆地的领土要求。伯德首次南极考察的成功，使他得以晋升，尽管他在 1916 年受伤后就退出了现役，但根据国会的特别法，他晋升为海军少将。

➡️ 伯德的第二次南极考察

1933～1935 年，伯德组织领导了第二次南极考察，其目的在于扩大第一次考察的成果。

这次考察队规模比第一次更大，全队成员共计 120 人，包括各学科专家、学者，配备了 4 架飞机，加上第一次考察时留在小美国基地的 2 架，共有 6 架，其中 1 架是直升机，另外，还有 6 台拖拉机、150 只雪橇狗和够用 15 个月的食品及燃料。

1934 年伯德重返鲸湾，重建了小美国基地。从这里出发，往东和往西的考察飞行，测绘和扩大了早期发现的区域。这次考察发现了罗斯冰架上隐藏的一块结冰的高地，把它命名为罗斯福岛。伯德第二次考察飞机飞行航程共计 3.1 万千米，测绘面积达 116 万平方千米。

> **趣 味 点 击**
>
> ### 罗斯福岛
>
> 南极洲岛屿，长 145 千米、宽 56 千米，绝对平均高度逾 500 千米。全岛被冰层覆盖。1934 年由美国探险家伯德发现。

在地面上，靠拖拉机牵引，一共行进了 2100 千米。科学家们观测了宇宙射线和高空气象现象，用回声测深法勘测了冰层厚度，从而断定大陆冰盖和罗斯冰障的大部分是在地面以上，罗斯海与威德尔海并不连通。

伯德这次考察的目标之一，是在南极内陆连续进行整个南极冬季的气象观测。因为以前在岸边考察的每支考察队，都深受内陆恶劣天气的折磨之苦。

1934 年 3 月，陆上拖拉机拖着伯德和建立"前进基地"的队员向内陆挺进。由于天气条件和其他问题，迫使他们仅在离小美国基地 160 千米处，建立了他们的营地。由于冬天逼近，营建时间短，结果新建的前进基地比原计划要小得多。因此，伯德决定独自一人在地面以下建的2.7米宽、3.9米长的冰屋里过冬。

伯德独自一人在"冰晶宫"中住了6周后，开始感到有些不舒服，两眼发疼，看不清字样，头也有点晕。起初，他并不大介意，但后来就有些吃不消了。他反复找原因，可能是煤气（一氧化碳）在作怪。他仔细地检查了炉子，发现烟筒接头不严，而且烟囱出口被雪堵塞。经过修理之后，情况有些好转，但是，来自发电机的烟（含有一氧化碳）一再与他作对，几经修理，都无济于事。他开始周期性地失去知觉，也吃不下东西。但是，伯德是一位意志顽强的人，尽管他随时都可以与小美国基地进行无线电联系，可他始终没把自己危险的处境告诉他们，而且还坚持着进行气象记录。因为他不想叫人们冒南极极夜的危险来援救他。最后，是他那发给小美国基地的莫名其妙的电报引起了人们的警觉。于是，基地马上派出三人救护队，乘拖拉机摸黑行走了1个多月，在8月10日才找到伯德住的地下冰屋。

一见到他，他们都惊呆了。他那凹陷的面颊，憔悴的表情，显然是经历了一场难以忍受的折磨。在三名救护人员的护理下，伯德逐渐地恢复了健康，他们三人和伯德一起在这个小屋里住了2个月，直到南极极夜过去才离开这里返回小美国基地。这种惊人的忍耐力，比得上沙克尔顿在1909年奔向南极点的艰苦努力，也比得上斯科特的决心。

后来，伯德的信徒、童子军的获胜者赛普尔问他那样做是否值得，伯德认真地回答说："值得，我学到了许多东西，但我决不想再去进行那样的体验。"

➡ "雪上旅行者"

1939～1941年，在美国政府的支持下，伯德领导了第三次南极考察。值得注意的是，这次考察使用了一种独特的科学考察机械，名叫"雪上旅行者"。它长16.75米，宽6米，高4.5米，满载时重33.5吨，安装有直径3米的轮子，每个重3吨。该机械用柴油发电，顶上装一架小型的用于侦察的飞机。里面有生活住处、实验室、机械间，甚至暗室。它可携带行走8000千米用的燃料，飞机用的汽油和 4 人够用 1 年的食品。它实际上是一个小型的可移动的营地。人们对用它到达南极点抱有很大希望。波尔特负责把它从"北星"号辅助船运到罗斯冰架上。但是，令人遗憾的是，"雪上旅行者"向南极点仅前进了 5 千米，因遇到 1.6 米高的雪脊，轮子就陷入雪中不动了，只得把它和飞机留在西基地。

尽管这样，伯德的第三次考察还是成功的。他使用了 2 个基地，一个是赛普尔领导的小美国三号（西基地），另一个是布莱克领导的斯托宁顿岛（东基地）。他直接或间接负责的测绘区域，比任何其他南极探险家都大。考察队从东、西基地进行了远距离的航空测量，3 次飞过阿蒙森海中的大块浮冰，从而确定了埃尔斯沃思高地和沃尔格林海岸的位置。雪橇队到达了西南面

拓展阅读

阿蒙森海

　　阿蒙森海，南极洲的边缘海，南太平洋的一部分。东起瑟斯顿岛，西迄达特角，位于南纬 71°50′~73°10′、西经 100°50′~123°。海域面积 9.8 万平方千米，终年结冰。水深 585 米。

的乔治六世海峡和威德尔海西南沿岸，进行了科学考察。在 2 个基地上，均进行了综合学科的科学考察。

▶ 最富有戏剧性的飞行

　　林肯·埃尔斯沃思，美国人，家庭条件非常优越，他继承了一个煤矿和一个瑞士城堡的财产。他喜欢土木工程和生物学。他曾在 1926 年与阿蒙森一起乘飞艇飞过北极点。他把南极洲看作是一个世纪前的美国西部，而把自己想象为一个南极航空的"开拓者"。他崇拜怀亚特·厄普，并在床头保存着厄普的子弹带，在飞行时总把它带在身边。

　　1935 年埃尔斯沃思去了南极半岛。他与飞行员赫伯特·霍里克－凯尼恩一起，从南极半岛顶端的邓迪岛起飞，纵贯南极半岛和横穿西南极洲，飞到鲸湾东南 26 千米处。且不说其航程长达 3700 千米，并且航行区绝大多数是

人们一无所知的荒野，更重要的是，2 架飞机在途中先后着陆 4 次，首次证实了飞机可以在南极大陆进行多种项目的考察作业，可以代替长距离的雪橇旅行考察。在飞行中，埃尔斯沃思发现了森蒂纳尔山脉和霍里克－凯尼恩高原。在他的第一营地处，他把西经 80°～120° 的 906 万平方千米的陆地宣布为美国所有。

埃尔斯沃思地

1938 年他乘"怀亚特·厄普"号船又来到南极洲，计划从恩德比地起飞，经过南极洲内陆到达南极点。但计划落了空，他决定迅速返回到文明世界。在向北返回之前，埃尔斯沃思在 1939 年 1 月 11 日完成了一次内陆飞行。他往南飞到南纬 72°，并在那投下了一个领土要求的标记和一面旗子，为美国要求了大约 20 万平方千米的陆地，并且把它命名为美国高地。

"跳高行动" 计划

所谓"跳高行动"，指的是美国要"跳"到世界最高的大陆上进行军事演习。这次派出舰船共 13 艘，其中包括著名的"北风"号破冰船和 3.5 万吨的航空母舰，出动各种定翼飞机 19 架，直升机 7 架，履带式拖拉机、吉普车和开路车若干。参加的人员包括军人 4700 名，科学家和观察员 51 名。

这次行动的目的，是在南极环境下训练人员和武器装备；巩固和扩大美国在南极洲拥有的基地；海上基地位置的选择、建设、维修和使用；冰上、空中作战装备的应用与保护；确定要发展的技术；进一步了解水文、地理、地质、气象和电磁波在南极洲上空的传播。

这次行动的指挥由伯德担任，然而与前几次考察不同，这次是官方出面组织的，其真正的指挥官是海军少将 R. H. 克鲁兹。他曾在 1939～1941 年美国南极考察和第一次军事演习期间，担任"熊"号舰的指挥。这次行动中，他启用了许多不熟悉南极环境的人，结果遇到了许多困难。1 架巡逻飞机在乔治王岛上空飞行时坠毁，3 人遇难，这是发生在伯德考察队的首次死亡事故。

代理国务卿迪安·艾奇孙要求考察队"采取适当的步骤，如把成文的主权要求存放在石堆里，空投装有主权要求的容器等"。据此，考察队在这一期间，总共设下了 68 个主权要求标记。

美国在 1946～1947 年进行的这次考察，尽管主要目的是军事和政治上的，但在科学上的成果是惊人的。由于使用了飞机，这次考察对南极洲沿岸的 60% 区域进行了观测和摄影，其观测面积达 390 万平方千米，在 64 次航空飞行中，获得侦察照片 7 万张，确定了 18 个山脉的地理位置，拍摄了印度洋下坡的 2 个无冰区。

◈▶ "风车行动" 计划

"跳高行动"计划在某种意义上说是失败了，原因是对南极洲 77.7 万平方千米的摄影，它仅是这次考察目标的 1/4，而且，航空摄影的许多地区缺乏适当的地面控制点。因此，在 1947～1948 年，海军又进行了"风车行动"计划。这次考察的任务包括建立地面控制点，并继续进行航空测绘。代理国务卿罗伯特·洛维特重申艾奇孙的领土要求政策。结果，考察队在考察期间又安放了 12 个领土要求标记。在东南极洲沿岸，考察队力图到达传说中的温暖地方——班戈绿洲，这是前一年班戈从飞机上看到的。考察队的破冰船向这个所谓的绿洲行进时，的确发现了连绵的温暖海岸，但它被大块浮冰包围，从海上难以接近。然而，考察队发现了附近的风车群岛

拓展阅读

班戈绿洲

班戈绿洲的面积大约有 500 平方千米，常年刮风，吹起的沙石、雪粒，把岩石表面琢磨成许多很小的窟窿，像蜂窝一样。铺在地面的砾石，表面有一层光泽如漆的暗棕色外壳，这是溶解在水中的盐类慢慢地在岩石表面凝聚起来的结果。

和登陆良港文森尼湾。他们设立了 10 个地面控制点和三角测量网点，进行了海洋学观测，连续回声测深，绘制出冰的位置及类型图。在陆上进行了生物学、地质学及气象学的观测。

 克里斯滕森及其夫人

克里斯滕森是挪威一位富翁，他曾在 1926～1937 年资助过许多南极探险队，他的大量财产都是从捕鲸业中得来的。他的这种做法是从其父那里学来的。早在 1892 年，其父就资助拉森驾驶"贾森"号船去威德尔海探险。克里斯滕森代表挪威的探险行动开始于 1927 年 12 月和 1929 年 2 月，分别在布韦岛和彼得一世岛登陆。虽然在此之前，已有探险队发现这两个岛屿，然而都被他宣布为挪威的南极领土。以后几年，挪威人把注意力主要集中于东经 20°～45°之间的沿岸地区。在 1929～1930 年，他们对恩德比地和毛德皇后地的部分地区进行了航空考察，结果发现了玛莎公主海岸，并宣布了所有权。在挪威当局告知克里斯滕森，政府已经承认了英国对恩德比地的主权要求后，挪威对恩德比地的主权要求的声明才宣告作废。

在 1933～1934 年的南极夏季，克里斯滕森和米克里孙发现了利奥波德海岸，驾机航测了阿斯特里德海岸，并对莫森发现的麦克·罗伯孙地的部分地区进行了航空摄影。

在 1934～1935 年夏季，他发现了英格里德、克里斯滕森海岸，并进行航空测量。1935 年 2 月，挪威人在该海岸登陆，其中包括米克里孙夫人，她成了登上南极大陆的第一位女性。1 年之后的 2 月 4 日，克里斯滕森夫人创造了比米克里孙夫人更好的成绩。她在这天的飞行中，发现了哈拉尔德王子海岸。这一连串的挪威探险行动，发现了约 3859 千米长的南极海岸线，并航空测量了 8 万平方千米的南极大陆。除了在英格里德海岸和克里斯滕森海岸的 3 次登陆外，挪威人还从飞机上向各个地点投下了挪威国旗，这种方法成了后来宣布主权要求的一种常用手段。

◗ 闪电式的飞行

　　在 1938～1939 年的南极夏季，阿尔弗雷德·里切尔率"施瓦本兰"号船计划到达南极大陆的格林威治经度区。德国这次南极航行的目的，在于为德国涉足南极，对南极大陆提出领土要求创造条件。里切尔利用船上的水上飞机完成了一次闪电式的飞行。在短短的 3 个星期中，里切尔取得了很大的成就。尽管其飞行的时间总共只有 6 天半，但他对 35 万平方千米的陆地进行了航空摄影，并利用照相和观察手段对 60 万平方千米的地区进行了空中侦察，飞行距离达 1.2 万千米。同时，他每隔 25 千米投下一面德国国旗。德国在对此航次的报道中，骄傲地声称：在对南极提出主权要求的国家中，没有一个国家能像德国这样，对其探险队所发现的陆地，了解得那样清楚、绘图数据那样精确。

各国的南极科考站

51个国家参与了极地（重点是南极）科学考察，包括世界经济发达国家和主要发展中国家。极地考察关系着全球变化和人类的未来，也是一个国家综合国力、高科技水平在国际舞台上的展现和角逐，在政治、科学、经济、外交、军事等方面都有其深远和重大的意义。

▶ 概 况

世界上有 20 个国家有自己的南极科学考察站，目前其数量有 150 多个，其中，美国建在南极点的阿蒙森－斯科特站、俄罗斯（前苏联）的东方站最为著名。各国南极科学考察站大多都建在南极大陆沿岸和海岛的夏季露岩区。只有美国、俄罗斯（前苏联）和日本、法国、意大利、德国以及中国在南极内陆冰原上建立了常年科学考察站。

◎ 科考站的类型

南极科学考察站大体可分为：常年科学考察站、夏季科学考察站、无人自动观测站 3 类。

常年科学考察站有 50 多个，其中包括中国的长城站和中山站。常年科学考察站一般规模较大，各种建筑设施齐备，全年有人工作。站里科学研究项目较多，实验手段先进，许多项目是常年连续不间断地进行，科学观测工作在严冬正常进行。一般夏季人员较多，冬季人员相对减少，越冬人员包括后勤保障人员和科学家两部分。站上在后勤保障、交通、通讯、生活设备等方面，基本上能满足队员生活、工作的需要。

夏季科学考察站在南极洲有 100 多个，经常使用的有 70 ~ 80 个。夏季科学考察站只有夏季有科学家工作。而冬天到来之前，人员就会撤离，考察站也就关闭，等到来年夏季再使用。这种站的规模相对较小，但有些也备有动力、机械设备和队员生活居住的设施。南极夏季科学考察站大多数是常年科学考察站的"子

你知道吗

东方站

东方站是最靠近南极点的一个科学考察站，海拔 3600 米，由前苏联建于 1957 年，现在属于俄罗斯，位于南纬 78°28′、东经 106°48′，在南极磁点附近。这里空气中的含氧量很低，相当于其他大陆 5600 米高的空气含氧量。东方站所处的位置几乎是南极洲最冷的地方，也是世界上最冷的地方。

女"站或叫作"卫星"站，它们大多数建在条件恶劣，而又特别具有科学研究意义的地区。

随着科学技术的飞跃发展，航天技术、卫星观测技术、无线电遥控技术、机器人技术等现代高技术逐步用于南极科学考察。人们广泛使用各种自动化仪器设备，把它们安置在无人站里，通过定时发送观测记录等方式，达到记录和了解该地区的自然环境的目的。目前，无人自动观测站在南极洲越来越多，大多数无人自动观测站主要用于收集气象、地磁、地震资料。

你知道吗

无线电遥控技术

它是利用无线电信号对远方的各种机器进行控制的技术。这些信号被远方的接收设备接收后，可以指令或驱动其他各种相应的机械，去完成各种操作，如闭合电路、移动手柄、开动电机，之后，再由这些机械进行需要的操作。

◎ 科考站的选址原则

有人认为南极大陆很宽阔，随意找一个地方就可以建立一座科学考察站，其实不然。要在南极洲建立一座科学考察站，首要的任务是选好站址。首先要看它是否符合建站的条件，其次是有没有科学考察的价值。根据分布在南极洲的50多个常年科学考察站和100多个夏季站的情况，各国在南极洲选择站址的条件基本是相同的，需要遵循3个基本原则：

（1）有裸露基岩的地域。科考站之所以要建在裸露的基岩上，主要是因为对建房的地基要求极为严格。建立在基岩上的房屋更能有效抵御南极狂风的袭击。

（2）人员和物资运输要尽量方便，最好建立在沿岸。

（3）要有利于综合性的科学考察。换句话来说，就是要建站的区域，必须有科学考察的价值，这一点非常重要，也是决策者首先要想到的。

◎ 沿岸建站的原因

南极科考站一般选在南极大陆沿岸，而且地势相对平坦的地方。之所以选在大陆沿岸，主要是考虑大船不能靠近陆岸，要用小艇卸运物资。这样就便于登岸，物资卸运方便，补给容易，而建立在内陆的科学考察站，又必须用飞机或雪地车再将物资转运一次，费时费力。同时因为沿海岸地域一般比内陆温度偏高，冰雪融水易形成较大的湖泊，科学考察站就有了充足的淡水资源。还有一个重要原因就是污水的排放问题，按照《南极条约》有关保护环境的规定，污水必须经过严格处理才能排放到海中，为了达到排放标准，就要增加净化设备，为了节约经费，减少和缩短入海的管道，科学考察站建在南极大陆边缘是十分有利的。所以，大多数的南极科学考察站都建立在沿岸。

➡ 澳大利亚

◎ 被移交的科考站——凯西站

凯西站是一个位于南极洲温森斯湾的澳大利亚永久科学考察站，该站1957年8月由美国建立，时称威尔克斯站。后来于1969年由美国移交澳大利亚，改名凯西站，1988年经过一次搬迁，到达现在的站址。

凯西站

作为一个有着悠久历史的科考站，凯西站无论是在选址建设还是在设施保障上都已经日趋成熟，除了每周由澳大利亚往返于凯西站的航班对凯西站进行补给外，站上还建立了一系列设施，如科研保障类的包括实验楼、通讯气象楼、发电楼、污水处理楼、餐厅、仓库、精工车间（包括木工车间、水暖车间）等。实验楼是科考人员工作的地方，有可容纳18人的办公室，以及化学、生物的通用实验室。通讯气象楼内有无线电及气象监测设备，站长的办公室也在此。仓库分常温、冷藏、冷冻3个库，分类储存了站上大部分的食品、日用品和工程材料等物资。站上的娱乐项目包括台球桌、乒乓台、攀岩墙、飞镖、健身房、图书馆以及专门的放映厅，那里珍藏着不少经典电影的胶片。站上的医院内包括了牙科、X 光室、手术室、病房和病人洗澡间，算是各国南极科考站中设施比较齐全的一个。消防栋是站上特有的风景，那里专业的消防车和消防设备一应俱全。

在南极科学考察站，发电设施一般是单独建筑，称之为发电栋。与其他建筑隔开的原因在于：①发电机声音太大影响队员生活。②为了防火。凯西站有 2 个发电栋，相距很远，一栋运作，另一栋备用。而发电栋一般都是 2 组发电机。这样的安排保障了充分的电力供应。

凯西站最让人羡慕的，是它的"蓝冰"跑道。"蓝冰"飞机跑道是澳大利亚政府南极洲航线的一部分，早在 2006 年他们就施工了。"蓝冰"跑道距离凯西站 70 千米，跑道长 4 千米，是澳大利亚最大的冰上飞机跑道，与正规机场跑道完全一样，设施齐全，完全可以降落大型客机。"蓝冰"跑道的建成，实现了澳大利亚 5 小时直飞南极的梦想，避免了海上航行尤其是穿越西风带的痛苦。

除了以上建筑，凯西站室外还有卫星天线、科考仪器等多种设备。

◎ 南极第四站——戴维斯站

戴维斯站始建于 1957 年，是澳大利亚 7 座科学察站中规模最大的，因其建站时间早、规模庞大被誉为"南极第四站"，位于南纬 68°36′、东经 77°58′。从空中俯瞰戴维斯站，能直观地感到其规模的庞大——几十栋黄绿色的建筑分布在背山面海的山坡上。

戴维斯站主体建筑由一群串联式火柴盒状的木质结构房屋组成，北南走向沿海湾岩岗而设置。其功能区依次划分为通讯、气象、站长办公室兼卧室、队员宿舍、公共盥洗间，以及健身房等。配套设施的独立建筑有被服库、食品库、发电房等。科研设施有 2 处：①建于站北海边的生物学（化学）实验室，为面积仅 50 平方米的架空结构小

戴维斯站

建筑，里边分隔为 3 个作业空间；②建在科学考察站内侧东南角，面积 30 多

平方米的盒式高空大气物理观测室。这套初始建筑群一直使用到 20 世纪 80 年代中期。

戴维斯站最初基础设施简陋，20 世纪 70 年代末澳大利亚南极局设计制定了大规模改建计划。戴维斯站第一期工程始于 20 世纪 80 年代初期，用 3 年的时间建起，包括主生活栋（浅绿色）、发电房（深蓝色）、机修车间（粉红色）和综合大仓库（墨绿色，内置移动货架）。新发电房安装了世界先进的美国卡特比洛公司柴油发电机组，并在全站采用热水循环系统。

为确保信息通畅、指挥及时，以及高效管理，20 世纪 80 年代后期站内建成了行政办公楼（黄色）及其附属设施，楼内有站长办公室、通讯室和邮局等。现代化的通讯枢纽体系包括室外大型球形卫星天线等。宽敞的通讯室内，通过闭路电视对直升机机场进行直接安全监控，不断向飞机提供由气象观测传来的即时数字化天气信息，并随时观测飞机运行状况。戴维斯站先进的网络系统，可以通过卫星将信息直接传输至远在澳大利亚本土的总部南极局。

20 世纪 90 年代，戴维斯站又按计划完工了上下二层的新宿舍大楼，新楼与早先已经使用的主生活栋通过一廊桥连接成一体，呈"工"字状造型。21 世纪初，站上陆续又建成了以满足现代气象观测（蓝色）、生物科学（黄色）和高空大气物理（黄色）研究需要的 3 栋科研楼。戴维斯站，一座设施完备、建筑新颖的现代化南极科学城终于凸现于东南极大陆英格瑞特·格丽斯顿森海岸。

戴维斯站的交通工具数量繁多，仅越野四轮摩托就有 15 辆，载重 1 吨的丰田车有 5 辆，加上各种类型的工具车 20 多辆，以及应急机制专用大小越野车 3 辆。除此之外，澳大利亚南极局还制订了宏大的空中发展计划。

➡ 俄罗斯

美国在南极洲的考察基地以大著称，而俄罗斯（前苏联）在南极洲的考察基地则以数量多、分布广而闻名，在南极大陆周围，共分布着俄罗斯的 8 个常年科学考察站和 6 个夏季科学考察站。

◎ "寒极"上的科考站——东方站

俄罗斯（前苏联）东方站，又称沃斯托克站，是建立在世界寒极的科学考察站。它是最靠近南极点的一个科学考察站，也是世界上海拔最高的南极科学考察站。其地理坐标为南纬78°28′、东经106°48′，由前苏联建于1957年，现在属于俄罗斯。

东方站位处海拔3488米，在南磁极约1000千米以外，是南极大陆现存最孤立的科学考察站。但是，由于邻近南磁极，东方站是观测地球磁极变化的最佳地点之一。

1983年7月21日在东方站实测最低温度为−89.2℃，被称为南极的"寒极"。在这里冰川学家打出了世界最深的钻孔，深达2600米（计划打到3700米）；这里由于气候酷寒而且风大，被称为南极不可接近地区。寒冷的天气条件下履带牵引车有时会无法正常行驶，很难往东方站运送燃料和相关设备。

科学考察站现由俄、美、法三国科学家合作营运。科学考察站在夏季有25位科学家及工程师，冬季则减至13位，主要从事地球物理、高层大气物理、气象学、环境学和冰川学方面的研究，其他研究有光量测定等。

沃斯托克站的全景照片

1996年，来自东方站的俄、英科学家，在科学考察站底下发现了全世界最大的已知冰下湖泊——沃斯托克湖。沃斯托克湖位于中南极冰盖表面约4000米之下，面积达14000平方千米。

◎ 绿洲上的科考站——青年站

俄罗斯南极科学考察站——青年站，地理坐标为南纬67°40′、东经45°51′，位于南极洲恩德比地西部绿洲上，得名于同名的绿洲名。该站是前苏联于1963年1月启用的气象考察站，与和平站一起服务于前苏联在南极大陆周围的船只，为飞机和船只的安全提供气象保证，后发展成为前苏联在南极洲最大的常年考察站。当时设有无线电通讯设备和大型机场。

现在的俄罗斯青年站在规模上仅次于麦克默多站，不仅有大功率的无线电中心，还有向大气发射气象火箭的基地及装备良好的科学馆、实验室和计算机中心。该站主要的科学研究项目有：极光、电离层物理学、地磁学、冰川学、海洋学等。该站的大型机场上飞机不定期地飞回俄罗斯。

德 国

◎ 新型南极科考站——诺伊迈尔3型科考站

德国最新型南极科考站诺伊迈尔3型科考站于2009年2月开始正式运行。德国联邦教育和科研部部长安妮特·沙范在柏林通过视频连线主持了科考站开幕仪式。沙范在开幕式上说："诺伊迈尔3型科考站是工程学上的巨大成就，它将为科学家开展南极科考开辟新的空间。"

诺伊迈尔3型科考站坐落在南极洲毛德皇后地的埃克斯特罗姆冰架上，距离原有的诺伊迈尔科考站6.5千米。科考站使用面积达4473平方米，拥有15套公寓、40个床位、12间办公室及实验室，能为40名科考人员提供食宿。它不仅是南极科学观测的基地，还将是南极内陆探险及基地航班的后勤保障中心。

新型科考站在建设上的独到之处在于它被建在16根大型支柱上，整个科考站可通过液压提升系统抬升，这样可以使科考站避免被逐年增高的积雪掩埋，从而大大延长了科考站的使用寿命。据估计这种科考站的运行寿命为25～30年。

诺伊迈尔3型科考站由德国阿尔弗雷德·韦格纳极地与海洋研究所建造及运营。诺伊迈尔3型科考站的建造历时7个月，耗资4000万欧元，由德国联邦教育和科研部的极地研究项目支持，它同时也是世界极地科考活动2007～2008"国际极地年"框架下实现的重要项目。

诺伊迈尔3型科考站为在南极进行长期科考创造了良好的前提条件，并将成为南极地区国际科研与后勤保障合作领域里的重要一环。

▶ 美 国

◎ "南极第一城"——麦克默多站

在所有南极科学考察站中规模最大的是美国的麦克默多站，它位于麦克默多海峡边，海拔 31 米，地理坐标为南纬 77°51′、东经 166°37′。该站建于 1956 年，建立者们最初称之为麦克默多海空设施。在夏季许多国家的游客来这里观光，十分热闹。它就像一座现代化的大都市，故有"南极第一城"的美称。

麦克默多站是美国南极研究规划的管理中心，也是美国其他南极科学考察站的综合后勤支援基地。这里的机场，可以起降大型客机，有通往新西兰的定期航班。

麦克默多站成为研究和后勤的中心是在国际地球地理年期间，这是一个从 1957 年 7 月 1 日持续

远眺麦克默多站

至 1958 年 12 月 31 日的国际科学合作计划。麦克默多站在 1962 年 3 月 3 日启动了一座核能电厂后进入了核能时代。每个个头不大于普通油桶的炉心是这个核子反应炉的心脏，此反应炉据报道替代了每日 5700 升油料的需求，工程师们利用反应炉的电力做各种应用，如蒸馏海水等。美国陆军核能计划部门在 1972 年关闭了此反应炉。

基本小知识 👆

核能电厂

核能电厂是利用核反应堆中核燃料裂变链式反应所产生的热能，再按火力发电厂的发电方式，将热能转变成机械能，再转换成电能。核能电厂具有以下特点：它的核反应堆相当于火电厂的锅炉；核能能量密度高，1 克铀 −235 全部裂变时释放的能量为 8 百亿焦耳，相当于 2.7 吨标准煤完全燃烧时释放的能量。其分类有：轻水堆核电厂、重水堆核电厂、石墨堆核电厂。

麦克默多曾有南极洲唯一的一家电视台，AFAN－TV，播放军方提供的老节目，不过设备易受为此基地提供电力的柴油发电机影响产生噪声，1974年的电视指南曾报道过此电视台。如今，麦克默多可由距离此地40千米远的黑岛的卫星接收器接收4个频道。

　　麦克默多站的通讯设施、医院、电话电报系统、俱乐部、电影院、商场一应俱全，仅酒吧就有4座之多。麦克默多站还有私人工程公司。在麦克默多站周围和较远处的各种实验室里，每年冬季有近200名，夏季有2000多名科学家从事各学科的考察研究。每年在这里工作的来自世界各国的外籍科学家有20～50人。

　　麦克默多站是一个现代化的科学研究站，也是南极洲最大的社区，有1个港口、3个机场（2个是季节性的）、1架直升机和超过100栋建筑物，并有一个使用旧式手动保龄球机的保龄球小巷和一个九洞的飞盘高尔夫。在麦克默多站进行的工作主要的焦点是科学，但多数居民并不是是科学家，而是在作业、后勤、IT、建设和维护等方面提供支援的人员。

◎ 南极点上的科考站——阿蒙森－斯科特站

　　美国阿蒙森－斯科特站是位于南极点上的科学考察站，海拔2900米，地理坐标为南纬90°，建于1957年1月23日。名称是为纪念在1911年第一个抵达南极点的阿蒙森和在1912年抵达南极点的斯科特而取的。

　　阿蒙森－斯科特站位于一望无际的南极大陆冰床上，在这个位置的雪的厚度约2850米，雪以每年60～80毫米（换算成水）的速度累积。有记录的气温在-82.8℃～-13.6℃，年均气温-49℃。平均风速5.5米/秒，有记录的最大阵风风速24米/秒。

　　该站最早是由美国海军的一个18人的小组在1956～1957年建造的。这组人在1956年到达此地，并在此地度过1957年的冬天，成为第一群在南极点过冬的人。因为南极点的冬季状况从未被测量过，因此初始站部分被建在地下。当时该地最低温度是-74℃。如同所有在南极点的建筑，初始站以约每年1.2米的速度被积雪不断埋深，因此此站于1975年被放弃。现已被雪深埋，大半木制的屋顶也已被压崩。

　　现在的阿蒙森－斯科特站是1975年建成的。它的主要建筑物，是由1座半埋在冰雪中的高15.8米，直径50米的铝制圆顶建筑物和4座独立的建筑群组成。室内设备齐全，建有实验室和图书馆等。但由于冰层以每年平均 10 米的速度向南美洲方向移动，所以考察站的实际位置已偏离了南极点。为此美国制定考察站重建计划，现已完成了新油库和机场跑道工程，整个计划预计 5 年完成。

目前阿蒙森－斯科特站建有 4270 米长的飞机跑道、无线电通讯设备、地球物理监测站、大型计算机等。可以从事高空大气物理学、气象学、地球科学、冰川学和生物学等方面的研究。每年有 30 多人在此越冬。

阿蒙森－斯科特站鸟瞰图

由于该站处在极特殊的地理位置，可以对赤道以南的任何向太空的发射物保持全方位的观察，便于跟踪围绕地球的人造卫星；极点又是进行大气科学和地球物理研究的极好场所。因此，美国在此建站并且不惜代价配备了各种精密仪器，充分发挥了它的技术优势，取得了一批很有价值的成果，同时也吸引着各国科学家参与科研。

日　本

◎ 第二冰穹的科考站——富士圆顶

富士圆顶是日本重要的研究基地之一，又称冰穹 F 或富士冰穹，位于南极洲的毛德皇后地东部，地理坐标南纬 77°19′、东经 39°42′。该地海拔 3810 米，是南极冰原上的第二高冰穹。

富士圆顶因为处于南极高原上的高海拔处，所以成为地球上最冷的地方之一：通常夏季气温极少超过 −30℃，冬季气温最低竟可达 −80℃，而年平均气温只有 −54.3℃。该地降水完全以降雪形式出现，全年约有 50 厘米，可谓名副其实的极地荒漠。

1995 年 1 月，日本在富士圆顶设立了"富士圆顶观测据点"，并在 2004

年 4 月 1 日更名为"富士圆顶基地"。这里距离日本的另一个南极研究基地——昭和站约有 1000 千米。1995 年 8 月富士圆顶基地首度进行深层冰核钻探计划，到 1996 年 12 月时钻探深度已达到了 2503 米。该次钻探所得的冰核历史可追溯到 34 万年前。

富士圆顶基地第二次钻探计划从 2003 年开始，总钻探深度达 3035.22 米。该次钻探并未达到岩层，但在最深处找到了岩石粒子与重冻水，说明钻孔底部已经非常靠近岩层了。初步分析本次所得的冰核，其中包含的气候资料可追溯至 72 万年前。这是继 EPICA 在冰穹 C 取得冰核以来，人类所得到的第二古老的冰核。

◎ 为日本立功的科考站——昭和站

日本的昭和科考站地理坐标为南纬 69°、东经 39°，坐落于一个南北长、东西宽的露岩岛上，海拔高度为 43 米。该岛与南极大陆之间隔着 5 千米宽的翁古尔海峡。

二战结束不久，日本经济尚未恢复。但在世界各国纷纷向南极进发的征程中，日本人也不甘落后。1956 年夏季，日本南极考察探险队乘"宗谷"号破冰船，在东南极的吕佐夫 – 霍姆湾一带考察，选定科考站的建站地点并于 1957 年 1 月 29 日建成昭和站。

该站经过多年的扩建和完善，目前已有 20 幢建筑和 3 座发电站，总建筑面积已达 2900 平方米，各种车辆装备 40 多台，每年在站上越冬人员为 30 名左右。由于该站处在极光带，几乎每天都可以看到极光，是开展高空大气物理学研究的极好场所。

昭和站是日本南极考察队取得重大研究成果最多的站，曾为日本南极考察队到达南极点的考察立下汗马功劳。

🧭 英 国

英国在南极建立了 7 个科学考察站，主要的科考站有罗瑟拉站、法拉第站、格吕特维肯站、锡格兰尼岛站。它们主要用于进行大气科学、地球科学和生物学的研究，其中大气科学研究共分 3 个专题项目：气象学（包括气候、臭氧、太阳辐射、污染）、磁学（包括绝对磁场、磁脉动）、电离层（包括太阳与地球的关系、磁大气层科学）。

英国在南极的科学考察站处于有利的地理位置，对理论研究可提供有价值的资料。英国在大气科学、地球科学和生物学的研究上也都取得了相当可观的成果，丰富了整个南极研究的理论宝库。

广角镜

电离层

电离层是地球大气的一个电离区域。电离层从离地面约 50 千米开始一直伸展到约 1000 千米高的地球高层大气空域，其中存在相当多的自由电子和离子，能使无线电波改变传播速度，发生折射、反射和散射。

◎ 非政府科考站

南极的科学考察站几乎都是在各国政府的直接支持下建立的，但也有不属于主权国家的常年科学考察站。

国际绿色和平组织于 1984 年建立的世界公园站，位于罗斯海沿岸的阿德利地，常驻队员 4 人，主要任务是监视监测各国南极站的环境保护。

基本小知识

国际绿色和平组织

国际绿色和平组织，属于一个国际性的非政府组织，以环保工作为主，总部设在荷兰的阿姆斯特丹。国际绿色和平组织宣称自己的使命是："保护地球、环境及其各种生物的安全及持续性发展，并以行动做出积极的改变。"对于有违以上原则的行为，国际绿色和平组织都会尽力阻止。其宗旨是促进实现一个更为绿色、和平和可持续发展的未来。

中国参与的极地活动

中国参加极地活动是现实和未来的召唤。

谁说只有健壮的男人才可以走向南极？1983 年，李华梅成为我国第一个走向南极的女性。

国际南极横穿队胜利横穿南极大陆。秦大河让中华民族增添了又一份光彩。

中国北极科考也在细致的筹备后，正式启动。向全世界证明了中国人民有能力征服北极点。

➡️ 现实和未来的召唤

中国对极地考察的参与是在 20 世纪 80 年代。最早踏上南极洲的中国人是董兆乾和张青松。他们在 1979 年应澳大利亚南极局的邀请，作为科研工作者，访问了该国在南极的莫森站。第二年，他们再次受到邀请奔赴南极。在这次与澳大利亚的联合考察中，张青松成为中国在南极越冬的第一人，而董兆乾则首次代表中国历险冰海，闯荡南大洋。

1980 ~ 1983 年，中国走向南极的约有 32 人。其中，蒋加伦可以算是最具戏剧性的人物了。

蒋加伦是个生物学家，他是 1982 年 10 月到达澳大利亚在南极的戴维斯站——在中国南极科学的起步中，澳大利亚是第一个伸出友好之手的国家，他是去进行沿海水域浮游生物分布研究的。第二年 2 月 3 日，他与澳大利亚的伯克博士驾着小艇到 9 千米外的爱丽丝湾去调查，由于艇小浪大，他们不慎落入海中。伯克身强力壮，很快游到了岸边，而当他站起来回头一看，蒋加伦还在冰凉的海水中折腾。小艇的落水点距离岸仅 30 米。蒋加伦本来善于游泳，但由于冷冻和紧张竟然伸不开手脚。他好不容易爬上一块浮冰，想从浮冰上走到岸边，但僵直的腿失去了往日的灵便，他又一个跟头摔进海里。伯克见状立刻下水把他拉了上来。

这时他们所有的东西都丢失了，他们无法与戴维斯站联系，所以只能等待救援——预定下午 4 点会有直升机来接他们回去。这就是说，他们得在冰原上坚持 6 个小时，才能获救。伯克开始跑步，而蒋加伦则反复运动麻木的四肢。

等到直升机到达的时候，蒋加伦都冻僵了，但神智还清醒。经过抢救，蒋加伦恢复了健康，并且按照原计划在戴维斯站越冬考察。南极遇险，对世界各国来说都算不得一件大的新闻，但蒋加伦落水的消息传到中国国内，牵动了无数民众的关切之心。他归国之后见到了极其壮观的欢迎场面。这场面反映了当时中国人对陌生的南极所产生的热切关注。

1983 年 5 月，中国的全国人大常委会正式通过加入《南极条约》的决议。同年 9 月，郭琨参加了《南极条约》的第 12 次会议。会议议题有 30 多项，但每当要表决时，便让中国代表团出场等候，因为中国仅是条约的缔约国而不是协商国。要取得具有表决权的协商国资格，必须按规定在南极建有自己的科学考察站。郭琨当时那种复杂心情可想而知。但他也清楚，世界是现实的，它并不同情任何弱者。为了使世界对中国刮目相待，中国必须做出切实的行动。

归国之后，他四方奔走，终于得到有关部门支持。而他自己，则成了中国第一支南极科学考察队的队长，开始了新的征程。

▶ 走向南极的中国女性

1983 年，应新西兰的邀请，李华梅有幸地成为第一个登上南极大陆的中国女性。

在她之后的第二批去南极的中国女性是王先兰和谢又予。她们作为中国南极考察队的成员，到达了"长城"站。王先兰的科学考察结果是在乔治王岛的海滩里，发现自然金富集的现象。正因为此，她于 1990 年又去了一次乔治王岛，进一步调查了"长城站"附近的海滩。

接着去南极的中国女性是金庆民，她开始在"长城站"作了些野外的地质考察；而后则在 1988 年，参加了中美联合登山队，攀登了南极的文森峰。

从太空拍摄的文森峰

文森峰位于西经 85°25′、南纬 78°35′，主峰海拔 5140 米，攀登高度为 3500 米。由于山峰峻峭，冰雪难以滞留，所以裸岩面积较大，地质构造也较为清晰，被称为南极大陆地质考察的"风水宝地"。

1988 年 11 月 27 日，金庆民与中美联合登山队的其他队员一起乘机到达了文森峰下的基地。她是该登山队的唯一女性。

1 月 28 日，登山队队长麦克下令朝文森峰的一号营地进发。上午天高云淡，是少有的好天气。但到下午，他们刚开始在一号营地搭帐篷，天色突然变阴，接着狂风卷起漫天的飞雪，直扑而来。好在暴风施虐时间不长，到午夜，风就平息了。

翌日，他们开始向二号营地攀登。金庆民没走几步就力不从心。她已经 50 岁出头，体力早不似年轻的时候，再加上头天在朝一号营地行进的途中，脚踝扭伤，又红又肿，每走一步都感到揪心得疼，但金庆民还在咬牙坚持。

你知道吗

长城站

中国南极长城站是中国在南极建立的第一个科学考察站。是中国为对南极地区进行科学考察而在南极洲设立的常年性科学考察站。位于南极洲南设得兰群岛的乔治王岛西部的菲尔德斯半岛上，东临麦克斯维尔湾中的小海湾——长城湾，湾阔水深，进出方便，背靠终年积雪的山坡，水源充足。

趣味点击　文森峰

文森峰是南极洲最高峰，海拔 4897 米。1935 年由美国探险家艾尔斯渥兹发现。科学家在当地发现一些软体动物化石，包括三叶虫和腕足动物，这说明在寒武纪时这里气候温和。

看她步履蹒跚的样子，美国人劝她休息，她不肯，继续慢慢地跟着走。后来还是在登山队里的中国队员的劝说下才停了下来。

金庆民独自一人留在了一号营地，但她并没有闲下来。当队友们的身影消失在远方时，她立即背上了地质包，走出帐篷去作野外考察。

她到了一面冰坡，冰坡上头是一道裸露的山脊。40°陡的坡面滑得像面镜子，她累得汗流浃背，还是没有爬到那道山脊。此时的南极正处于极昼时期，她在当天的 23 时终于到达山脊。她边爬，边测量岩层，绘制地质剖面。突然她发现山脊的一端是厚厚的赭红色的岩

铁矿石

层——赤铁矿层。她爬过去，做好记录后，又从地质包里取出一面小小的五星红旗，插在那矿层的露头上，然后取出相机，拍了不少照片。

凌晨 2 时，她回到帐篷，开始整理她的岩矿标本。这时胜利登上文森峰顶的登山队员们回来了，他们相互交换成果与感受，都感到无比的幸福。

◤▶ 国际南极横穿队

1986 年 4 月，法国探险家路易·艾蒂安在单人徒步前往北极的途中，迎面正好遇见徒步到北极返回的美国人威尔·斯迪戈。他们谈得十分投机。他们在谈话中，竟然产生了一个大胆的设想——徒步横穿南极。

1986 年 11 月，在美国纽约，他们两人再次聚在了一起，把他们原定的设想进一步具体化，初步商定了一个别出心裁的探险方案：美国、前苏联、中国、法国、日本、英国等国各派遣一名队员，共同参加 1989 年的徒步横穿南极的行动。其横穿路线为南极半岛—文森峰—南极点的阿蒙森－斯科特站—东南极高原—俄罗斯（前苏联）的东方站，终点为俄罗斯（前苏联）的和平站。

1989 年 7 月 25 日，六国横穿队按计划来到乔治王岛。六位来自不同国家的探险队员是：美国的斯迪戈、法国的艾蒂安、前苏联的维克多·波亚尔斯基、中国的秦大河、日本的舟津桂三、英国的杰弗·萨默尔。斯迪戈担任队长。同他们一起参加探险的，还有 41 条曾在探险中大显身手的爱斯基摩狗，它们将是这次徒步探险的得力助手。当天，队员们下榻在中国的长城站。

7 月 28 日，徒步横穿队从南极半岛拉尔森冰架北端的海豹冰原驾着雪橇正式踏上征程。从此，揭开了南极探险史的新的一页，开始了人类有史以来第一次由西向东横穿南极大陆的壮举，而以往的南极横穿活动是由南到北，相对距离要短。

但是，探险队员们的出师并不顺利。他们计划每天走 10 小时，每小时 5 千米，但由于队员们暂时不适应滑雪板，所以行进速度非常缓慢。尤其是秦大河，别说滑雪，甚至连滑雪板都没见过，每天只好徒步跟着雪橇小跑，再加上他视力不好，戴了副近视镜，时常被冰裂绊倒。所以他们前 6 天才走了 100 千米。

到了 8 月 4 日，他们遭到了暴风雪的袭击，他们为此不得不休息了 2 天。风雪过后，他们继续前进。但好景不长，只走了一天，狗拉着雪橇在下一个冰坡时，速度失控而把两架雪橇翻倒，其中一架主梁断裂，他们又耽误了 1 天的行期。

这时，秦大河已经学会了滑雪，虽然还不是太熟练，但毕竟跟得上队伍了，所以行进速度明显加快。到 8 月 11 日，他们前进了 24 千米，13 日则达 28 千米，而在这之前的 12 日，他们跨过了南极圈。到了这里之后，环境更加险恶，沿途都是难以预测的冰融洞。它们表面看不出来，与冰原无异，其实仅是一层薄冰覆住下面的空洞。这些洞有的深达四五十米。他们用绳把人串在一起，小心翼翼地前进。8 月 25 日，3 条拉雪橇的狗掉进了冰洞，在半空中大吠大叫。人们赶去把其中两条拖了上来，而另一条则在挣扎中套绳脱落，掉到十几米深的洞底，依旧狂吠不已。艾蒂安靠绳索下去，把它拖了上来。

◎ 到达南极点

8 月 26 日，他们到了预定的物资补给点，但他们寻找了一整天，也没发现任何标志。最后他们确认，补给点已被暴风雪埋在 3 米深的雪下，根本无法取到，他们只好是继续前进。

过了冰融洞区，他们就沿斜坡向海拔 5000 米的梅依豪森冰川挺进。8 月 29 日，没有风，雾却很重，能见度极差。到 9 月 1 日，他们被暴风雪再度困住了。待 4 日天气稍好，就加速前进，到了 9 月 5 日，他们登上了梅依豪森冰川的顶部。到此时他们所带的食品已经不多了，就冒着又开始刮起的风雪寻找补给点，但是这个补给点依旧浑然无迹，看来又是被大雪"吞"掉了。幸好无线电联络还算通畅，6 个小时后来了一架水牛式飞机，运来了救急的给养。

从梅依豪森冰川顶往后的路，地势平坦，冰层结实，颇适于雪橇滑行。但暴风雪却接连不断。他们从 9 月 6 日起一直躲在帐篷里，直到 9 月 12 日天才放晴。在这段时间里最幸运的是日本的舟津桂三，他在听无线电时，居然听到他未婚妻遥祝他平安的声音，于是他近于疯狂地大喊大叫了一阵。13 日，大雾复起，他们走着走着突然发现失去了联系。走在最前头的秦大河和英国人萨默尔感到情况有异，立刻停了下来。他们取出绳子，拴住秦大河的腰，让他尽绳长所及，以站立不动的萨默尔为圆心，作环行圆周运动。待到秦大河终于在茫茫白雾中撞上了前苏联人波亚尔斯基时，才算松了一口气。接着他们像登山队员一样摸着绳子向前走。到 14 日，他们到了新的补给点，非常幸运的是，这回它的标志醒目。

9 月 16 日，他们行程很顺利。也许是掉以轻心了，两架雪橇突然带着 4 个人沿陡坡飞速下滑，瞬间便掉入 300 米深的谷底。只有秦大河和萨默尔的雪橇见状不妙，立刻停住。好在谷底积雪松软，人和狗都安然无恙。以往的几次教训使他们想出了个新法，用绳子把 3 架雪橇联在一起，这样既可防止掉队，又可免于滑落。不过狗却不听话，它们一齐扑上去把串联的绳子咬成几截，他们只好作罢。

9 月 24 日，是他们徒步行走的第 60 天，至此，他们已走过了 900 千米的行程。天气时好时坏，他们不停地往前走。到了 10 月 31 日，他们来到了文森峰脚下，这时他们已经前进了 1500 千米。

11 月 7 日是横穿队的吉祥日，这天阳光少见的明媚。昨天他们创造了日行 47 千米的最高纪录，今日他们又走了 47 千米到了帕特里特山

六国横穿南极大陆探险队员的合影

大本营。该大本营有几间安装了供暖设备的房子，装备了大型无线电通讯设施。秦大河这时才与他妻子第一次通了话，当听到她总是那么温柔的乡音时，他不禁落下了泪。

帕特里特山大本营是他们奔赴南极点的唯一的休整点。他们在这里休息了 3 天，洗澡，拼命地吃喝和睡觉。10 日上午 9 时，他们再次出发。以往的历程已经锻炼了他们，他们不再忧心忡忡，而是信心百倍。他们每天可行进约 32 千米。21 日，他们开始进入斯尔山脉，地势骤然升高。到中午，他们的右侧发出一声巨响，一座约 50 米高的冰川崩裂，无数冰块飞泻而下。他们连忙驱狗向左侧的山坡猛跑。25 日，他们到了最后一个补给点。但由于周围冰崩不断，他们没有休息，只是往雪橇上装了些食品，就继续前行。27 日，他们到了南极高原的脚下，在这儿，海拔从 900 米直升到 3000 米。他们找了一个没有危险的地方安下帐篷，睡了 2 天，在养精蓄锐后开始向上攀登。

12月12日凌晨3时，六国横穿南极大陆探险队终于到达了南极点。这是继阿蒙森后人类又一次以狗拉雪橇的方式来到这里。

横穿队队长斯迪戈对着记者抱起了他的两条狗：萨姆和亚格。它们是世界上仅有的两条既到过北极点又到过南极点的狗。后来，当记者问到他的横穿队队员在充满艰险的途中想到的是什么时，他说："和平、爱、雨和家庭。"

◎ 胜利到达

15日下午，横穿队开路踏上征途的第二阶段。也许他们还留恋阿蒙森－斯科特站的舒适生活，所以行动缓慢，只走了5千米。从16日起，才恢复了正常，这天他们走了38千米。他们现在行进在不可接近区。所谓不可接近区是因为该区域离海的距离同样远，不是前往南极点的捷径，所以迄今为止还没有人徒步走过。但不久他们发现，路并不比以前的难走，相反它反而平坦得多。最大的困难是严寒。虽然当时正值南极的盛夏，但气温依旧一直在－26℃。这个严寒耗费了他们极大的能量，以致人均体重下降了4.5千克。

东方站

12月26日，他们向着下一个目标——俄罗斯（前苏联）的东方站前进。虽然路面状况开始转坏，还有许多冰沟，但他们的速度还是保持在日行40千米左右。1990年元旦，他们也没因为是节日而停止走路。1月8日，他们感到疲惫不堪，决定休息1天，"大力神"飞机及时给他们运来了补给品。至此，横穿队已离开南极点850千米，距离东方站还有330千米。

他们现在一步步地接近东方站了。可是任凭他们怎样焦急，无线电通讯也联系不上东方站。他们甚至通过美国方面电告莫斯科，希望得到东方站的准确地理坐标，但依旧毫无结果。前苏联队员波亚尔斯基的情绪激动，他一马当先，走在最前面替其他队员和狗引路开道。

气温开始降低了，现在已达－31℃了。据东方站的资料记录，该地区气温曾到达过－129℃。他们必须及早行动。17日，他们只走了30千米。照他们掌握的情况看，东方站就在他们四周的 8 千米范围内，但如果没有得到东方站的信号，他们就会和它失之交臂。于是他们又急切向后方发报，横穿队的法国总部得知此消息后，立刻与前苏联极地研究所联系。极地研究所马上电传给东方站，这样困难就迎刃而解，横穿队按计划于 18 日到达东方站。该站有 40 名前苏联科学家，大都是波亚尔斯基的同事和朋友，他们热情好客，特地为横穿队组织了一次小型晚会。

22 日，横穿队离开东方站，踏上最后的约 1380 千米的路程。途中积雪很厚，气温也继续下降，好在前天有一辆极地拖拉机从东方站去和平站送给养，把路面压得平整结实，恰好给他们开了路，所以他们的行进速度很快，在 23 日，居然创造了日行 55 千米的纪录。2 月 4 日，他们到了青年站，它也是前苏联的科学考察站，但由于隆冬逼近，里面的人员都撤走了，只给他们留下了补给品。他们休息了 1 天，接着开始了最后的冲刺……

3 月 1 日，他们遇到了罕见的暴风雪，于是赶紧扎起帐篷躲避。此时他们离最后的终点和平站只有 20 千米的路程。暴风雪到第二天仍未停息。下午，舟津桂三走出帐篷去给狗喂食，但过了 2 个小时还未见回来。大家感到事情有些蹊跷，就用绳子彼此串联起来，外出呼喊搜寻，直到天黑，也没见到舟津桂三的踪影。他们这晚几乎没有睡觉，一大早就又出去寻找。这时天已经放晴，四周的视野开阔。他们看到 200 米外有一个雪堆，就提心吊胆地走去，突然那雪堆里钻出一个人来，大喊："我还活着，我还活着！"

原来，舟津桂三在 14 个小时前迷失了方向，就挖了个雪洞钻了进去……大家都朝他奔去，哭着，笑着，喊着，把他抬了回去。接着他们飞快地打点行装，马不停蹄地往和平站冲去。3 月 3 日 20 时左右，他们终于走完了地球上最难走的 6300 千米的路程，到达终点——俄罗斯（前苏联）的和平站。波亚尔斯基跑在最前头，

你知道吗

和平站

和平站是前苏联在南极大陆建造的第一座常年有人居住的科学考察站。1956 年 2 月 13 日，和平号科学考察站在南极大陆的永久冰层上竣工。随后，它向国内传回第一份极地科学家关于南极大陆气候的科学报告。

紧跟在他后面的是斯迪戈，再后依次是萨默尔、艾蒂安、舟津桂三和秦大河。

当斯迪戈和艾蒂安一走过前苏联科学家用布条做的终点线时，便紧紧地拥抱在一起，他们再也按捺不住内心的激动，失声大哭——1986年的梦终于实现！

此时的秦大河也热泪盈眶，说实在话，他参加横穿队之时，根本没打算活着回去。现在他活下来了，自始至终代表着中华民族参与并完成了这次史无前例、举世瞩目的伟大壮举。而他自己也成了中国第一个徒步登上南极点的人、第一个由西向东横越南极大陆的人。

中国首次远征北极

◎ 封闭式模拟训练

我们居住在北半球，北极离我们更近一些，与我们的关系也非常密切，但是，直到1995年4月之前，我国还未组织过考察队深入到北极地区考察，北极地区还是一块中国考察队尚未到过的空白地区。

北极地区有大片的森林、草原、苔原和永久冻土带，有广阔的海洋。这里是监测环境最理想的基地，是观测温室效应最好的实验室。在这里可探索生命之源，在这里可研究大陆漂移，这里的大气对流控制着北半球的气候变化，这里还是一个拥有各种资源的万宝巨箱，有可能成为人类下一个能源基地。据报道显示，由于人类活动的强烈影响，北极地区的环境正在发生变化，如北极苔原带大幅度向北收缩，永久冻土消融，平均气温在逐渐升高，大气受到严重污染，等等。北极地区的气候与环境变化，对整个北半球具有深刻的影响，甚至是控制作用。我国的气候直接受到北极的控制，我国的大气质量和环境因子直接受到北极制约。所以，中国也迫切需要去考察和研究北极。

1993年3月10日，由中国

你知道吗

松花江

松花江流经吉林省吉林市（古称吉林乌拉）。全长1900千米，流域面积54.56万平方千米，超过珠江流域面积，占东北三省总面积的69.32%。径流总量759亿立方米，超过了黄河的迳流总量。

地理学会、中国地质学会、中国地球物理学会等 10 家单位联合发起，经中国科协批准，成立了"中国北极科学考察筹备组"，中国北极科考进入了实质性的筹备阶段。

1994 年，中国北极科学考察筹备组得到企业的赞助，中国北极科考正式启动。

为了为中国首支远征北极点的科学考察队选拔队员及为 1996 年开始的中国北极科考五年规划储备人员，中国北极科学考察筹备组组织了北极科考集训队，于 1995 年 1 月 18～26 日到黑龙江省的松花江冰面上进行了封闭式的模拟训练。集训队共 29 名队员，其中包括 13 名科考人员和 16 名新闻记者。当时，松花江冰面最低气温为 − 34℃ ～ − 25℃，所有集训队员必须负重 25～30 千克，并拖拉 100～150 千克重的物资，在松花江冰面上徒步行走 130 余千米，且食、宿、行都在冰面上，集训队与外界完全隔离。

集训队经过六天五夜艰苦的模拟训练，基本完成了进军北极前的四大训练任务。这四大训练任务是：①个人体能训练。要对付北极恶劣的环境并完成科考任务，考察队员必须具有强健的体魄。②冰上技能训练。此项训练包括冰上的食、宿、行、自救与互救、御寒防冻常识与技能、发现冰裂和正确判断冰震等。③团队精神训练。禁止单独行动、盲目冒进、疲劳作战，提倡团队协作精神，因为北极科考队是一个整体，必须统一行动，而任何个人的不科学操作将会给自身带来毁灭性的危险，甚至会造成全队的覆没。④装备操作训练。队员们学会了熟练地操作衣、食、宿、行的设施，以及通讯急救工具和伤害处置设备等。

封闭式模拟训练的圆满完成，为中国首次北极科学考察准备了前提条件。

◎ 五星红旗插北极

经过短暂准备，中国首支远征北极点科学考察队的 25 名队员，面向科学的召唤，肩负祖国的重托，于 1995 年 3 月 31 日从北京启程，踏上了进军北极的艰难历程。

25 名考察队员由科考人员、新闻记者和后勤保障人员组成。

考察队从北京出发，先后到达加拿大哈德孙湾冰面和美国明尼苏达州伊利市，又进行了 10 多天的滑雪、滑冰和狗拉雪橇的强化训练。

1995 年 4 月 23 日凌晨，中国首支北极科学考察队乘坐飞机进入北极圈，当地时间 1 时整，飞机在晨曦中徐徐降落在加拿大北极群岛孔沃利斯岛的留索柳特。科考队将远征北极点的大本营设在留索柳特。

4 月 23 日当地时间上午 8 时，7 名将从冰上向北极点冲刺的队员从留索柳特乘坐雪上小飞机继续向北飞行，于北京时间 4 月 24 日到达北纬 88°的北冰洋冰盖上，考察队从这里开始靠徒步行军和滑雪向北极点进军。

7 名冰上队员包括来自国家地震局、中国科学院地理研究所、中国科学院海洋研究所、中国科学院冰川冻土研究所和武汉测绘科技大学的 5 名科考人员以及中央电视台的 2 名记者。

科考队员从踏上北冰洋冰面的那一刻起，就每时每刻都面临着危险与艰辛。科考队面临的最大危险是北冰洋上的冰缝。与南极冰盖不同，北冰洋上的冰盖并不是一个整块，而是分离成无数的冰块，大小不等，冰块之间便是冰缝，即使到北极点附近也是如此，尤其是遇到剪切带时，冰块破碎，冰缝众多，宽窄不一，有的 1 米左右，有的宽达十几米。裂缝中露出蓝蓝的海水，海面下海水深达数千米。如果单独行动，盲目冒进，一旦掉进冰缝，就十分危险。即使是考察队整体行动，遇到风雪或大雾天气，也不敢冒进。遇到冰缝，队员们就要砍一块冰来，几个人用力将冰块推到冰缝中，搭起一座不太稳当的"浮桥"，浮桥上下浮动，当人踩上去时，如果重心掌握不好，就会使浮冰块翻过来，人也会掉进冰缝。遇到十几米宽的冰缝，那就像过一条小河了，队员们要砍来许多冰块，用绳子拴成串后在冰缝两岸拉住。过这种冰缝不仅工作量大，十分辛苦，而且也非常危险，一不小心，就会掉进冰缝。不仅考察队员要过去，狗拉雪橇也必须安全地冲过去，因为其上载着考察队的"粮草"和装备。稍有闪失，雪橇掉进冰缝，"粮草"尽失，整个考察就会归于失败，甚至危及考察队员的生命。

此外，科考队还可能随时受到冰震、冰裂、暴风雪甚至北极熊的威胁。

说起科考队员的艰辛，那就只有亲自参加科考的队员才能深刻体会了。北极地区多年平均气温为 - 18℃，冬季为 - 40℃，即使夏季（7 月）平均气温也在 0℃左右，长时间在冰面上跋涉，寒冷是最大的敌人。白天在风中行军时，脸上像被刀刮一样，从口中哈出的气，马上会在胡子上结成冰霜，白天行军湿了的鞋袜，晚上无处去烤，早晨起来，鞋和袜子则冻成了冰块，要费很大的劲才能把它们分开，当然，要把脚再穿进去就是更痛苦的事情了。

在北极冰面上长途跋涉本身就非常辛苦，冰面上高低不平，沟、坎、雪坑很多，甚至一会儿上坡一会儿下坡，一天跋涉下来，每个人都累得像一摊泥。

除此之外，科考队员们每天还必须完成包括物理海洋学、海洋化学、北极冰动学、雪冰化学、北极生态、北极环境变化等一系列项目的考察与采样任务。

中国科考队在北极冰盖上度过了 12 个夜晚，13 个白天，经

广角镜

海洋化学

海洋化学是研究海洋各部分的化学组成、物质分布、化学性质和化学过程，以及海洋化学资源在开发利用中的化学问题的科学。海洋化学是海洋科学的一个分支，和海洋生物学、海洋地质学、海洋物理学等有密切的关系。

过长距离的艰苦跋涉，终于在北京时间 1995 年 5 月 6 日上午 10 时 55 分胜利地到达了北极点，这也是中国科考队首次到达北极点。五星红旗在北极点上空迎风飘扬，向全世界展示了中国人有能力征服北极点并进行北极地区的科学考察。

中国征服南极的行动

　　1985 年 2 月 20 日中国首次在南极洲南设得兰群岛的乔治王岛上建成中国南极长城站。长城站为常年（越冬）站，站址在南纬 62°12′59″、西经 58°57′52″处。1989 年 2 月 26 日又在东南极大陆普里兹湾边的拉斯曼丘陵上建成中国南极中山站，其地理坐标为南纬 69°22′24″、东经 76° 22′40″。2009 年 1 月 27 日又在南极内陆冰盖最高点冰穹 A 西南方向约 7.3 千米建成中国南极昆仑站，其地理坐标为南纬 80°25′01″、东经 77°06′58″。这也是中国首个南极内陆科学考察站。

◘ 准备出征

南极大陆被发现后，各国科学家、探险家争着去南极探险考察，于是南极神秘的面纱逐渐被揭开。但当时占世界人口 1/4 的中国，在南极大陆始终没有一个立足点。由于历史上帝国主义的侵略，内患外乱，国弱民穷，去南极考察成为当时的中国可望不可及的事情。新中国成立后，特别是党的十一届三中全会以后，政治上是空前的安定团结，经济上是日益繁荣昌盛，至此中国才组建了自己的南极考察队。

中国首次赴南大洋、南极洲考察队组建后，国家南极考察委员会办公室决定为考察队设计制作队徽。经过反复讨论修改，确定了图案：海蓝色的底色，中间是银白色的南极洲大陆轮廓，"中国南极考察队"的中、英文字环绕在它的周围。队徽图案的含意是：中国南极考察队员肩负祖国人民的重托，远涉重洋，斗风浪，战严寒，破冰雪，奔赴南大洋，登上南极洲，进行科学考察，建立南极长城站，为人类和平利用南极作出贡献。

队徽设计方案确定后，部分人认为在队徽的中央应该再加点内容，突出中心，于是经过研究决定根据"中国南极考察队"的英文名字造个新词——CHINARE。如果把这个词拆开，CHI 代表中国，字母 N，即 National，字母 A，即 Antarctic，字母 R，即 Research，字母 E，即 Expedition，分别表示国家、南极、考察、远征队四个含义。

队徽确定了，还有一个重要的内容需要确定，就是航线。

数百名勇士将要乘船去南极考察，必须保证他们航行的安全，同时还要考虑到经济、可行。为此，航海指挥处也提出了许多设想。其中最理想的一个是斜插南美洲的设想。这条航线可以比其他航线节省 8 天路程，可为国家节省几十万元。于是这个设想成为中国南极考察队航线的第一方案。

航线设计细致复杂，需要丰富的航海知识和实践经验，要考虑到气象、水文、岛屿、暗礁，以及政治、经济、军事等多种因素，还要充分估计到瞬息变化的海上情况。以往，我国远洋商船极少有经太平洋斜插阿根廷的航线。从上海斜插乌斯怀亚的航线，国际上也没有先例。

国家海洋局和有关单位领导召集选择航线会议。这次会议讨论了第二方案——斐济航线和第三方案——赤道航线，以及第一方案。第一方案的设想是上海—宫古海峡—加罗林群岛—吉尔伯特群岛—社会群岛—合恩角。这条航线的优点有：除了世界几个风浪区之一的宫古海峡附近风大外，其余海区风浪都不大；过了西风带，以后基本是顺风，沿途岛屿多，有利于救助和精确定位。于是第一方案顺利地通过，横渡太平洋的航线确定了下来。

➡️ 直奔南极

　　1984 年 11 月 20 日，中国南极考察队的全体队员分乘"向阳红 10 号"远洋科学考察船和海军"J－121"打捞救生船，正式出发奔赴南极。由于航线设计得非常合理，所以一路上并没有遇到多大的困难。经过 37 天，2 万多千米的航程，两船最终按计划到达了阿根廷最南端的乌斯怀亚市。经过短暂的休整，两船离开阿根廷最南端的乌斯怀亚市，开始了向极地冲刺的阶段。他们首

拓展阅读

"向阳红 10 号"

　　"向阳红 10 号"是我国自行设计制造的第一艘万吨级远洋科学考察船。1979 年 11 月由上海江南造船厂建成并交付国家海洋局东海分局使用。"向阳红 10 号"参加了中国首次发射运载火箭、同步通信卫星等重大科研试验任务，1984 年 11 月参加了中国首次南极考察队，开赴南大洋、南极洲执行科学考察任务。

先进入了德雷克海峡。

　　德雷克海峡长 300 千米，宽 1000 千米，风云变幻，波涛汹涌，是极地风暴路经的海域。一般情况下，涌浪高达 4 米，可与好望角相比。但中国南极考察队穿过的德雷克海峡并不像想象中那样可怕、恶劣。海峡上空，阳光灿烂，没有一丝云彩；海峡的风，只有 5～6 级；海峡的浪，

"向阳红 10 号"

平平常常。两船一前一后，奔驰在湛蓝的海面上，甚是壮观。25日12点31分，"向阳红10号"首先到达南纬60°、西经59°89′。到下午6点左右，海峡的风几乎停了，浪也小了，海上能偶尔看到雪白晶莹的浮冰。巨大的冰块上，站着一群群企鹅。

德雷克海峡

考察船顺利地通过了德雷克海峡，马上就要到达南极洲。"向阳红10号"谨慎地在南极海域前进，"J－121"紧紧跟在后面。到了晚上12点，中国首次南极考察队顺利通过德雷克海峡，到达了建站考察目的地。

1984年12月26日，中国首赴南极考察编队安全抵达乔治王岛。乔治王岛是南极半岛北端南设得兰群岛中最大的一个岛屿，东西长79千米，南北宽28千米，海拔高度283米，总面积1160平方千米。然而，这个岛屿的海岸很不规整，其形状像半截的棱锥。中国南极考察队就要在这里登陆，建立中国第一个南极科学考察站。

选址建站

乔治王岛上已有前苏联、智利、阿根廷、波兰、巴西、乌拉圭等6个国家建立的科学考察站。为了选定站址，考察队经过慎重研究认为建站必须具备5个条件：①有利于对南极进行综合性考察；②必须要有足够的淡水；③地质符合建站要求；④交通尽量方便；⑤大船锚泊距离站地要近，有利登陆艇卸载物资。

乔治王岛

原则确定后，考察队领导带着水文、地质、建站等方面的人员，不分昼夜地乘直升机升空侦察；乘登陆艇上岸实地测量，初步选择 8 个站址。这些站址中不是海岸软砂多，难以登陆，就是多冰川、少淡水，迂回余地小，场面施展不开。阿尔德雷湾有一块比较理想的滩地，山坡背后有 2 个大淡水湖，但已被乌拉圭考察队建了站。

为了寻找更好的站址，考察队成员乘小艇来到一个无名海湾，发现该处三面环岛，地势开阔，滩地平坦，可以避风、避浪，海岸线长达 2000 米。山坡后面有 8 个淡水湖。这里是理想的建站场地。后来考察队反复地进行分析、比较，一致认为，无名湾建站有 6 个优点：①海岸线长，有利今后发展；②"独门独户"建站，便于自己管理；③岸上有地衣、苔藓和各种鸟类，有利于进行海洋生物、气象、地质、地球物理等的综合考察；④有足够的淡水，而且水质经化验，符合卫生条件，可以饮用；⑤小艇抢滩容易，便于运卸物资；⑥交通条件好，建站物资运到建站点的工程量不大，可以一次性运输，而且距离智利考察站的飞机场近，修一条简易的公路，可以通达。但也有它的缺点，那就是海湾有礁石，大船不能锚泊；滩地沙多、松软。但优点远远大于缺点。

29 日晚 9 点 30 分，该选址得到了正式批准，无名海湾被命名为"长城湾"。站址背后的一个 1000 平方米，水深 10 米的淡水湖被命名为"西湖"。"西湖"旁的一个高 154.026 米的山峰被命名为"山海关"。这是中国人第一次用自己的名字来命名南极洲的海湾、湖泊、山峰。

中国南极长城站建站的消息，通过电波滴滴答答越过极地上空，从南半球飞向北半球，从西半球飞向东半球。建造 2 幢装配式房屋，建筑面积达 850 平方米，光是螺丝就有 1 万多个，墙板 500 多块，大件钢结构 200 多件，现场的装配工作量相当繁重，何况这是南极。新西兰、澳大利亚在南极的科学站一般都要 2 个夏季才能竣工；乔治王岛的波兰阿克托斯基站，一幢 200 平方米的房屋，用了 1 个夏天才完成了主体结构和墙板的安装，剩下的内部装修是留下 10 几名建筑工人越冬完成的。而中国人却在短暂的夏季建成了科学站。

31 日上午 11 时，从中国运到南极洲的奠基石，牢牢地埋在南极洲的土地上。中国南极长城站，坐北面南向阳。为了保护生态环境，考察队员一登岸，就建立鸟类和地衣、苔藓两个生物保护区，用木桩和绳子围成圈，木牌上用中英文写着生物保护区的标志。

为了便于运送物资，专门开辟了简易道路。中国南极长城站的布局是这样的：靠近山脚是工作室；距离工作室80米左右的两边是两个生活区。在山顶上建立卫星通信天线。通信设备器材的专用房建在工作室旁，这里地势最平坦，东方红拖拉机可以一直开到山坡上。厕所建在生活区200米外。周密的考虑，精心的设计，为后来南极洲的科学考察工作，奠定了扎实的基础。

◆ 长城站的位置和 "西湖"

　　为了确定长城站的具体位置，考察队员用国产仪器，在长城站的西侧小山顶上建立了天文观测墩，又在东面海滩建立了人工验潮和水准基点。通过精密卫星观测定位和验潮，考察队员在乔治王岛建立起我国的测绘坐标系统和高程系统。中国南极长城站的精确位置是：南纬62°12′59″、西经58°57′51″。长城站海边的海拔是2.681米；站址的海拔是13.633米。长城站距离南极半岛，也就是距离南极大陆129.6千米；距离北京17501.949千米。

中国南极长城站全景

　　在中国南极长城站北面有一个清澈晶莹的湖泊，被正式命名为"西湖"。一块中英文对照的铜制铭牌竖立在湖畔。这是在南极洲上第一个由中国命名的湖泊。

　　这个湖泊距离长城站200米，位于雪山环抱的小谷中。它的东北面是小山坡。南面是一系列由火成岩组成的陡峭的山坡。谷地的出口正对着波光粼粼的长城湾。南极"西湖"的面积为1000平方米，水深10米。夏季，岸边尚留着残雪、冰凌和露岩，倒映在清澈晶莹的湖水之中，真可与西湖媲美。这个湖水水源充沛，水质较好，即使在隆冬季节，冰面下4～5米仍不结冰，能保证长城站有充足的生活和工作用水。

👁️ 首次考察南大洋

1985 年 1 月 19 日，"向阳红 10 号"船离开乔治王岛。驾驶台上的高频电话中，传来了中国南极长城站站长郭琨的声音："我们 54 名南极洲考察队队员，站在海岸上欢送你们，祝你们南大洋考察取得丰硕成果！"

"向阳红 10 号"船劈波斩浪，往确定的第一个南大洋科学考察站驶去。为"长城站"运送物资器材的南大洋考察队员们，忘却劳累，怀着挺进南极圈，在综合海洋环境考察和极地研究上获得成效的壮志，战斗在实验室中，忙碌在甲板上。

当天 22 点多，他们到达了位于南纬 62°08′、西经 56°48′的第一个科学考察站。由极地刮来的 9 级狂风，使船在小山似的涌浪中倾斜 20°，船仓中没有加固的瓶瓶罐罐，倾倒在地板上，发出破碎的撞击声。

队员们在颠簸的风浪中工作。他们记录到了温度、盐度、深度的数据，采集浮游生物的标准大网、小网也送进了波浪。突然，一个巨大的涌浪向船扑来，顿时甲板上浪花飞溅，冰凉的海水洒了船员们一身，船上两根铁链也被打断。表层采泥器在涌浪中施放两次，均未成功，分层浮游生物采样网在风浪中也放不下去。经过了一夜的战斗，他们迎来了黎明。南大洋考察队员们在风浪中工作了 8 个多小时，成功地获得了第一个考察站的第一手资料。

👁️ 挺进南极圈

挺进南极圈是一项艰巨的任务。南极海域，尤其是极圈，那里的浮冰和冰山是很大的威胁。船上雷达只能有效地发现大冰山，但对一般高出水面 1 米左右的冰山却无能为力。这种冰山，水下部位无比坚硬，重达几百吨，很容易损坏船体。

"向阳红 10 号"在狂风恶浪中曲折地向南挺进。船在涌浪中摇晃、颤抖，上下颠簸 10 多米，并发出吱吱嘎嘎的声响。涌浪一个接着一个，掀起 8.6 米高的波峰，排山倒海地向船冲击，发出"嘭"的巨响，船体立即向右倾斜

30°，继而又向左倾斜 80°。船上的队员们感到惊心动魄。

1985 年 1 月 24 日晚，"向阳红 10 号"船最终闯进了南纬 66°33′、西经 69°15′50″。凌晨 1 点 45 分，"向阳红 10 号"到达南纬 66°54′、西经 69°14′的第二个考察站位置。近百名队员在风浪巨大，气候恶劣的条件下，连夜开始了紧张的极圈作业。

巨浪不时向船体猛烈冲来。万吨巨轮犹如一片树叶，在浪尖深谷中挣扎着。南大洋考察队员，身系安全带，在暴风中取样，在波涛中施放底栖拖网。科研人员像战场上英勇的战士，冲锋陷阵。他们在极圈内采集到的肉红色的海鳃，又名海笔，是腔肠动物，形状如一支毛笔，长 51 厘米。笔头散开，像一朵朵的散开的花。还有海参、水螅虫和各种各样多毛类环节动物。据初步观察，极圈内的海洋动物，在动物种类组成上，与极圈外的动物有差异，与南美洲最南端的火地岛的海洋动物差异更大。

最终，"向阳红 10 号"战胜了极圈的风暴和恶浪，胜利完成极圈的科学考察，于 25 日上午，调转航向，驶出极圈继续进行考察。

➡ 南极科考纪事

中国极地科学考察活动始于 20 世纪 80 年代初。1980 年 1 月，中国首次派出 2 名科学家赴澳大利亚的南极凯西站，参加澳大利亚组织的南极考察活动，从而揭开了中国极地考察事业的序幕。我国从 1984 年开始独立组织南极考察以来，已经成功地组织了 26 次南极考察，取得了一大批科研成果，其中有不少达到国际先进水平。

1984 年由国家南极考察委员会和国家海洋局组织领导的中国首次南极考察编队，赴南极建站和科学考察。编队由两船、两队组成——国家海洋局"向阳红 10 号"远洋综合考察船（115 人），海军"J－121"打捞救生船（308 人），南极洲考察队（54 人），南大洋考察队（74 人）。

1984 年 11 月 20 日，中国首次南极考察编队从上海国家海洋局东海分局码头起航，同年 12 月 26 日抵达南极洲南设得兰群岛乔治王岛的麦克斯韦尔湾。12 月 31 日，南极考察队登上乔治王岛，并举行长城站奠基典礼，第一面五星红旗插上了南极洲。

1985 年 2 月 20 日，中国南极长城站胜利建成，该站位于西南极洲南设得兰群岛乔治王岛南部（南纬 62°12′59″、西经 58°57′52″），站区平均海拔高度为 10 米，距离北京 17501.949 千米。

1989 年 2 月 26 日，我国又在南纬 69°22′24″、东经 76°22′40″的东南极大陆本土上建成了中国的第二个南极科学考察站——中山站。该站位于东南极大陆拉斯曼丘陵地区，该地平均海拔高度为 11 米，距离北京 12553.160 千米。站内有各种建筑 15 座，建筑面积 2700 平方米，各种运输工具 19 台，除先进的通信设备、舒适的生活条件外，还拥有较为完备的科学实验室，配备有供科学研究使用的各种仪器设备。中山站每年可接纳越冬人员 25 名，度夏人员 60 名。

中国科学家在长城站和中山站，常年开展气象学、电离层、高空大气物理学、地磁和地震等学科的常规观测。在夏季除从事常规观测外，还进行包括地质学、地貌学、地球物理学、冰川学、生物学、环境学、人体医学和海洋学等现场科学考察。

中国第 22 次南极考察队出征仪式

1997 年，中山站的科学家们凭着 3 辆雪地车，深入南极冰盖 500 千米进行冰雪项目的考察，创下了我国在南极冰雪高原挺进作业最远的距离并取得了大量的冰雪样品。同时此次考察在新闻报道和信息传输方面通过采用 INMARSAT – B 移动可视电话，实现了信息和图像的同步传输，缩短了北京与南极的距离。

2005 年，我国对南极进行第 22 次南极科考。此次考察队由 144 人组成，在为期 131 天的时间里，完成了 30 多项度夏科学考察。其中，"雪龙"号 2 次往返澳大利亚弗里曼特尔港和中山站，4 次穿越

"雪龙"号是我国极地
科学考察破冰船

第 24 次南极考察队冰穹 A 运输车队

西风带，考察期间总航程达 42 040 多千米。

2008 年，我国第 24 次南极考察紧紧围绕南极内陆站建设选址、"国际极地年"中国行动计划等目标展开，考察队共完成了 46 项科学考察和 11 项后勤保障任务，取得了丰硕的考察成果。在冰穹 A 最有可能建站的 900 平方千米范围内，我国考察队员进行了系统的建站选址调查，获得一大批基础数据和关键资料，为我国内陆建站选址和开展工程建设奠定了基础。

2009 年 4 月，我国第 25 次南极考察队圆满完成昆仑站建站等 48 项考察任务，载誉凯旋。在 173 天的考察时间内，考察队紧紧围绕建设我国第一个南极内陆科学考察站"昆仑站"，实施国际极地年中国行动计划等任务开展工作，共完成了 39 项科学考察

你知道吗

中国南极昆仑站

昆仑站是中国首个南极内陆考察站。位置为南纬 80°25′1″、东经 77°6′58″，高程 4087 米，位于南极内陆冰盖最高点冰穹 A 西南方向约 7.3 千米。这也是中国继在南极建立长城站、中山站以来，建立的第三个南极考察站。

和 9 项后勤保障工作，是我国南极考察历史上历时最久、任务最重的一次考察。

中国的南极科考站

中国第一个科考站——长城站

中国南极长城站建立于 1984 年 12 月 31 日，1985 年 2 月 20 日建成，是中国在南极建立的第一个科学考察站。该站位于南极洲西南，乔治王岛南部。

乔治王岛是南设得兰群岛中最大的一个岛屿，全岛85%的面积被冰雪覆盖，所处位置为南极洲的低纬地区，四周环海，具有南极洲海洋性气候特点，被称为南极洲的"热带"，年平均气温－2.8℃。中国南极长城站最暖月1月平均气温约1.5℃，绝对最高气温可达13℃；最冷月8月平均气温－7.8℃，绝对最低气温－28.5℃。年降水量为550毫米，年平均风速7.2米/秒，全年风速超过10米/秒的大风天数为205天。长城站处在南极半岛与南美大陆间的多气旋地带，天气变化剧烈，加之这里天气较暖和，降水较多，冰雪的年积累量和消融量都较大，冰川进退所反映的气候

长城站

变化更为明显。乔治王岛位于南极洲板块、南美洲板块和太平洋板块的交会地带，现代火山和地震活动频繁，因此成为研究地壳构造、岩浆活动、地震成因、大气环流的变化和气候演进规律的良好场所。

中国南极长城站站区南北长2千米，东西宽1.26千米，占地面积2.52平方千米，平均海拔高度为10米。在中国南极长城站附近有一个很大的滩涂，地衣、苔藓、藻类植物生长茂盛，并且生长着南极洲仅有的4种显花植物。沿海地带是企鹅、海鸟和海豹的栖息场所和繁殖地，被称为南极洲的绿洲，是研究南极洲生态系统及生物资源的理想之地。

长城站周围分布有智利、阿根廷、俄罗斯、波兰、巴西、乌拉圭等国家的科学考察站，其中距离智利的马尔什基地仅2.7千米。长城站自建站以来，经过扩建，建筑总面积4200平方米。从1986年9月起，南极长城站气象站已作为南极地区32个基本站之一正式加入国际气象监视网。2009年1月1日南极长城卫星网络通讯系统建成使用。

◎中山站

中国南极中山站建成于1989年2月26日，位于东南极大陆伊丽莎白公主地拉斯曼丘陵的维斯托登半岛上，其地理坐标为南纬69°22′24″、东经76°22′40″。

中山站所在的拉斯曼丘陵，地处南极圈之内，位于普里兹湾东南沿岸，西南距离艾默里冰架和查尔斯王子山脉几百千米，是进行南极海洋和大陆科学考察的理想区域。

中山站

中山站位于南极大陆沿海，气象要素的变化与长城站差别较大，比长城站寒冷干燥，更具备南极极地气候特点。中山站年平均气温 -10℃ 左右，极端最低温度达 -36.4℃。中山站地区受来自大陆冰盖的下降风影响，常年吹东南偏东风，8 级以上大风天数达 174 天，极大风速为 43.6 米/秒，全年晴天的天数要比长城站多得多。中山站有极昼和极夜现象，连续白昼 54 天，连续黑夜 58 天。

中山站设有实验室，配备有相应的分析仪器设备，可供科学考察人员对现场资料和样品进行初步分析研究。站上的气象观测场、固体潮观测室、地震地磁绝对值观测室、高空大气物理观测室等均配备有相应的科学观测设备和仪器。中国南极考察队员在中山站全年进行的常规观测项目有气象、电离层、高层大气物理、地磁和地震等。

◎ 冰穹 A 的科考站——昆仑站

中国南极昆仑站是中国首个南极内陆科学考察站。其位置为南纬 80°25′、东经 77°06′，海拔 4087 米，位于南极内陆冰盖最高点冰穹 A 西南方向约 7.3 千米。这也是中国继在南极建立长城站、中山站以来，建立的第三个南极科学考察站。昆仑站于 2009 年 1 月 27 日胜利建成，成为世界第六座南极内陆站。

昆仑站

昆仑站的建成，对南极科考有着重大的意义。

从科学考察角度看，南极有 4 个最有地理价值的点，即极点、冰点（即南极气温最低点）、磁点和高点。此前，美国在极点建立了阿蒙森－斯科特站，俄罗斯人的东方站位于冰点之上，磁点则是法国与意大利联合建造的迪蒙迪维尔站，只有冰盖高点冰穹 A 尚未建立科考站。

冰穹 A 地区所具有的特殊地理和自然条件，使其成为一系列科学研究的理想之地。冰穹 A 地区是国际公认的最合适的深冰芯钻取地点。此外，冰穹 A 位于臭氧层空洞的中心位置，是探测臭氧层空洞变化的最佳区域。

冰穹 A 地区也是进行天文观测的最佳场所。有 3～4 个月的连续观测机会和风速较低等条件，被国际天文界公认为地球上最好的天文台址。

冰穹 A 地区还是南极地质研究最具挑战意义的地方。东南极冰下基岩最高点的"甘伯采夫"冰下山脉，是形成冰穹 A 的直接地貌原因，其海拔高度近 4000 米，是国际公认的南极内陆冰盖中直接获取地质样品的最有利和最有意义的地点。

2005 年 1 月 18 日，中国第 22 次南极考察队从陆路首次实现了人类登顶冰穹 A 的愿望。同年 11 月，中国又首次对中山站与冰穹 A 之间的格罗夫山地区进行为期 130 天的科学考察活动。由于率先完成冰穹 A 和格罗夫山区的考察，中国最终取得了国际南极事务委员会的同意，在冰穹 A 建立科学考察站。

另外，中国筹建内陆科考站时，充分考虑了环境因素的影响，对科考站的建设和运行进行了全面的环境影响分析评估，并制定了相关的环保措施和应急预案，确保在发挥科考站科学平台价值和满足队员工作生活需求的同时，尽可能减少内陆站建设对环境的影响。

昆仑站主体建筑面积约 230 平方米，包括宿舍、医务室、科学观测场所、厨房、浴室、厕所、污水处理场所、发电机房、锅炉房、制氧机房和库房等。其主体建筑主要采用模块化或集装箱式建筑构件组装而成，这样就大大减少现场的安装工作量。同时考虑到昆仑站周围方圆上千千米都是无人区，景观极其单调，给人一种与世隔绝的感觉，这对人的心理是一种严峻挑战，因此在房屋设计上，科考站的室内设计与家具的选用多采用温暖、艳丽的色彩，尽可能弥补环境对人心理造成的影响。

在保证公共空间的同时，设计师也给每个驻站人员留出了基本的私密空间。昆仑站共有 10 间宿舍，每间约 5 平方米，只住 2 人，基本可以保证队员之间互不干扰。此外，昆仑站主体建筑内设置有供氧终端。科考队员通过它可以补充氧气，缓解缺氧造成的不适。

对冰盖的考察

南极考察队员在南极冰盖上钻取冰芯样品是非常不容易的，有的深冰芯的钻取要在南极高原上建立设施齐全的科学考察站，花费无数的人力物力，费时几年才能完成。当然，科学家在北极的一些冰川和青藏高原的冰川上也钻取冰芯，但较在南极要容易一些。南极、北极和青藏高原的冰川是由每年的降雪堆积成的冰层所构成，冰雪将大气中降落的各种物质完好地储存起来，因此，冰芯提供了自冰川形成以来气候的全部历史记录。通过对钻取冰芯样品的研究分析，可以了解全球气候的历史演变过程，可以判别人类活动（特别是工业社会以来）对全球环境的影响，还可以获知天体和地球演化史上发生的重大事件。

1997 年 1 月 18 日，有 8 名队员参加的中国首支内陆冰盖考察队，驾驶 3 辆雪地车从中山站出发。此后 14 天里，队员们冒着 −30℃ 的严寒，深入冰盖 300 千米，钻取到 2 支 50 多米深的冰芯。从这些冰芯中可以分析出近 200 年来的气候环境变化状况。

1998 年初，冰盖考查队又开展了第二次内陆冰盖考察，深入内陆近 500 千米，钻取到 50 余米深的冰芯。

1999 年 1 月 11 日，第三次冰盖考察队深入到南极内陆 1100 余千米的冰穹 A 地区，在海拔 3800 多米高的冰盖上，利用我国自行研制的钻机，钻取到 100 米深的冰芯，打破了我国冰芯钻探的最高纪录。据测算，该冰芯的"年龄"起码超过 600 岁。这次获得的冰芯，为南极科学研究和全球气候变化研究提供了宝贵的实物资料。